AF298336

D. BELLET

PROMENADES AMUSANTES

AUTOUR DE LA SCIENCE

OUVRAGE ILLUSTRÉ DE 135 GRAVURES

PARIS

LIBRAIRIE HACHETTE ET Cⁱᵉ

79, BOULEVARD SAINT-GERMAIN, 79

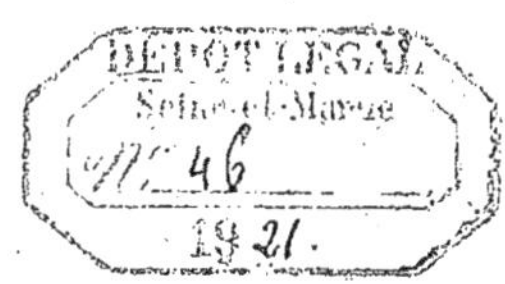

PROMENADES AMUSANTES

A TRAVERS LA SCIENCE

Peinture à la brosse.

BIBLIOTHÈQUE DES ÉCOLES ET DES FAMILLES

PROMENADES AMUSANTES
A TRAVERS LA SCIENCE

PAR

DANIEL BELLET

QUATRIÈME ÉDITION

OUVRAGE ILLUSTRÉ DE 135 GRAVURES

Ouvrage récompensé par la Société Nationale d'Encouragement au Bien (Médaille d'Or)

PARIS

LIBRAIRIE HACHETTE ET Cⁱᵉ

79, BOULEVARD SAINT-GERMAIN, 79

1913

PROMENADES AMUSANTES
A TRAVERS LA SCIENCE

LES BONS ET LES MAUVAIS TOURS
DE LA PRESSION ATMOSPHÉRIQUE

LES générations actuelles ont l'esprit curieux : elles aiment bien à chercher la cause de tous les phénomènes qui se présentent à leurs yeux; et, comme on croit de moins en moins aux choses inexplicables, on sent que la science peut donner la clef de tous ces phénomènes si merveilleux d'apparence. C'est que, tout naturellement, chaque jour, ou plutôt constamment, se manifestent les résultats des lois, physiques ou autres, qui régissent la matière; chaque minute de la vie nous met en présence d'applications de ces lois, et rien n'est meilleur que de chercher la raison de tout ce qui se produit autour de nous. Pour constater, ou pour faire constater à ceux qui ne les connaissent encore qu'imparfaitement, les lois des sciences exactes, de la physique, de la chimie, point n'est besoin d'aller chercher les instruments coûteux et compliqués d'un laboratoire : il suffit, il est même préférable d'étudier la nature dans toutes ses manifestations, d'interpréter, d'expliquer les exemples, les expériences si claires et si convaincantes que nous fournit la vie de chaque jour.

Parmi ces exemples, les plus fréquents, à coup sûr, sont

ceux qui se rapportent à la pression atmosphérique. Chacun sait bien aujourd'hui ce que c'est que cette pression : c'est le poids de la couche d'air qui entoure la terre sur une épaisseur de quelques kilomètres; mais on ne se figure point pouvoir trouver le plus aisément du monde des preuves de son existence. Et cependant l'atmosphère, l'air, pénétrant, on peut dire partout, sa présence ne peut manquer de se manifester constamment.

Il est quelques expériences, démontrant l'existence de la pression atmosphérique, qui ont été déjà signalées à maintes reprises. Prenez, par exemple, une *pipette*, affectant la forme qu'a représenté ici le dessinateur, ou encore un *compte-gouttes* dont l'emploi est constant en médecine, ou, plus simplement, prenez un tube en verre tout droit : plongez-le dans de l'eau verticalement, en laissant ouverte l'extrémité supérieure, et de façon à ce qu'il soit complètement plein. Puis fermez hermétiquement cette ouverture supérieure, en y appliquant le doigt, et sortez complètement le tube : l'eau restera suspendue et rien ne s'en écoulera, tout simplement parce que la pression atmosphérique s'exerce en dessous de la colonne d'eau, et que le haut de la colonne est à l'abri, grâce à votre pouce, de cette même pression. La colonne d'eau est, pour ainsi dire, collée contre votre pouce. Il faut que l'ouverture du tube soit assez étroite, parce que, sans cela, l'air diviserait le liquide, pénétrerait à l'intérieur et viendrait exercer la pression habituelle au-dessus de l'eau, ce qui ferait tout écouler.

Prenons un autre exemple; autrement dit faisons une autre expérience avec deux instruments assez simples : un verre et une feuille de papier. Remplissons complètement le premier, jusqu'à ce que l'eau en déborde; puis posons à la surface la feuille de papier, en l'appliquant bien, ce qui fera encore sortir une faible quantité d'eau. Avec précaution et en maintenant ce papier bien appliqué, retournez le verre; et quand il sera ainsi placé l'ouverture en bas, enlevez doucement votre main qui soutenait la feuille de papier; et vous arriverez à exécuter cette chose impossible en apparence : ren-

Expériences sur la pression atmosphérique.

verser un verre plein d'eau sans qu'il en tombe une goutte à terre. Ici encore la pression atmosphérique ne s'exerce que de bas en haut, soutenant l'eau, à la partie supérieure de laquelle aucune pression ne se fait sentir. Quant à la feuille de papier, elle est nécessaire parce que, comme nous le disions tout à l'heure, l'ouverture du verre étant très large, l'air diviserait la masse liquide.

La pression atmosphérique gêne bien souvent les voleurs, ou du moins certains voleurs, sans que très probablement ils sachent à quelle puissance ils ont affaire. Quand une barrique de vin est expédiée par le chemin de fer, ou même par bateau, les employés qui sont chargés de la charger, de la manipuler, n'ont souvent qu'une préoccupation, c'est de pouvoir en tirer et en absorber quelques verres (surtout si le vin est bon), sans que personne puisse s'en apercevoir. Dans ce but plus ou moins louable, ils pratiquent au fond du fût une petite ouverture, assez petite pour être invisible quand ils l'auront rebouchée avec un petit morceau de bois appointé : cela s'appelle *piquer* la barrique. Mais s'ils se contentent de la piquer d'un seul trou, les voleurs sont volés, car rien ne vient, du moins si la barrique est bien pleine. En effet, la pression atmosphérique, comme dans tous les exemples déjà cités, ne s'exerce que d'un seul côté, et par conséquent ne peut avoir qu'une influence : renfoncer pour ainsi dire le vin dans le tonneau. Mais si l'on ôte la *bonde* de la barrique, c'est-à-dire si l'on ouvre l'ouverture qu'elle porte à sa partie supérieure, ou bien si l'on pique le fond d'un second trou, le liquide exposé à la pression atmosphérique dans les deux sens, sera entraîné par son poids, c'est-à-dire qu'il s'écoulera, à la grande satisfaction de nos larrons.

Cherchons encore mieux : grâce à la pression atmosphérique, nous allons trouver une bouteille qui, pleine de liquide, ayant son fond percé de nombreux trous et étant posée sur ce fond, ne laissera pourtant pas échapper une seule goutte de ce liquide.

L'instrument de notre expérience sera bien facile à trouver : ce sera tout simplement une petite bouteille en fer-blanc comme on en donne aux enfants qui emportent leur goûter à l'école; procurons-nous un bouchon fermant hermétiquement cette bouteille. A l'aide d'un clou et d'un marteau, perçons un certain nombre de petits trous dans le fond de ce récipient : les trous doivent avoir à peu près le diamètre d'une tête d'épingle. Versons dans un vase une quantité d'eau assez grande pour que la petite bouteille puisse y plonger verticalement tout entière, l'eau dépassant l'ouverture. Bouchons sous l'eau très soigneusement, et enlevons notre bouteille hors de l'eau. Elle est pleine, complètement pleine de liquide · nous le sentons à son poids, et, quand nous l'agitons, nous n'entendons aucun bruit. Elle est pleine, et cependant, comme nous l'annoncions, aucun filet ne tombe. L'explication du phénomène est bien simple : c'est toujours la pression atmosphérique qu'il faut invoquer. Comme dans tous les cas que nous avons cités plus haut, la pression s'exerce de bas en haut, tandis qu'elle ne se fait pas sentir de haut en bas, grâce au bouchage hermétique. Enlevons en effet ce bouchon · immédiatement, de tous les trous du fond se mettent à couler de minces filets d'eau, parce qu'alors la pression atmosphérique s'exerce à la partie supérieure du liquide. Rebouchons la bouteille : *presque* immédiatement l'écoulement s'arrête, et nous pourrions renouveler l'expérience tant qu'il y a de l'eau dans la bouteille. Nous avons dit tout à l'heure *presque* immédiatement, car, au moment précis où nous remettons le bouchon, l'air pèse encore sur l'eau; mais bientôt, au fur et à mesure que l'eau s'enfuit, l'air intérieur se dilate, il pèse moins, et bientôt il pèse si peu que l'air extérieur est plus fort que lui, autrement dit pèse de bas en haut sur le liquide et le force à ne plus sortir, c'est-à-dire à rester *suspendu*, si l'on peut employer ce terme.

Couchez maintenant la bouteille sur le flanc. Il en sera d'elle exactement comme de la barrique *piquée* de deux trous : elle se videra, l'eau s'écoulant par les trous inférieurs, tandis que l'air entrera par les trous supérieurs.

Et si maintenant vous voulez donner à cette petite expérience une forme humoristique, aux dépens d'un autre, après avoir soigneusement rempli votre bouteille, priez un de vos amis de la déboucher, en prétextant par exemple de l'impossibilité où vous êtes de le faire : et à son grand étonnement, au moment même où il enlèvera le bouchon, les filets d'eau lui couleront sur les genoux. C'est là une plaisanterie bien innocente, qui ne pourra même pas l'enrhumer, et qui aura ce grand avantage de lui apprendre à tout jamais ce que c'est que la pression atmosphérique et les mauvais tours qu'elle peut jouer parfois. Il aura du reste la ressource de se rattraper en donnant cette même leçon de physique à un autre.

LIQUIDES LOURDS ET LIQUIDES LEGERS

DE même qu'il existe des corps solides plus ou moins lourds, que celui-ci est, sous un même volume, plus pesant que celui-là ou moins pesant que cet autre; de même il est des gaz et aussi des liquides de poids différents. On exprime ce phénomène en disant que les corps, les gaz et les liquides sont de *densités* variées. C'est ainsi que l'argent est plus lourd que l'acier, le plomb que l'argent, l'or que le plomb. Pour les liquides, nous pouvons citer l'alcool, plus léger que l'huile, l'huile plus légère que le vin, le vin que l'eau, l'eau que le lait, le lait que le mercure.

Il est bien évident que si l'on place un corps lourd sur un corps léger, le corps lourd aura une tendance à pénétrer dans l'autre; mais pour les liquides c'est encore plus net, parce qu'ils se déplacent aisément. La formule consacrée est que « plusieurs liquides se superposent par ordre de densités décroissantes de bas en haut », formule qui se traduit plus simplement par ceci : c'est, que si, dans un même vase, il se trouve plusieurs liquides de densités différentes, le plus lourd est toujours au fond et le plus léger à la surface. Dans les cours de physique, on démontre aisément cette loi à l'aide d'un instrument qu'on nomme la *fiole des 4 éléments* : c'est une fiole allongée dans laquelle on verse du mercure, de l'eau salée, de l'alcool et de l'huile. Les 4 éléments, les 4 liquides se superposent dans l'ordre que nous venons d'indiquer, du plus lourd au plus léger, formant 4 tranches qu'il est impossible de mélanger, même en secouant violemment la fiole.

Mais il est un moyen plus simple et plus élégant de démontrer cette loi, à l'aide d'une expérience curieuse à plus d'un titre, et qui ressemble même à un véritable tour des prestidigitation. Suivant notre habitude, nous n'y voulons employer que des instruments fort simples et aisés à se procurer : un verre et un tout petit flacon comme les pharmaciens n'ont que trop souvent l'occasion de nous en fournir.

Remplissons de vin ce petit flacon et mettons-le doucement tout droit au fond du verre vide; puis versons de l'eau dans le verre, sans trop nous presser, de façon que, par exemple, l'eau coulant tout d'un coup de la carafe n'aille pas renverser la petite bouteille et son contenu. Continuons de verser jusqu'à ce que l'eau couvre et bien au delà le goulot du flacon (nous dirons tout à l'heure pourquoi il vaut mieux que le niveau de l'eau monte fort au-dessus de ce goulot). Immédiatement commence de se produire le phénomène que nous voulions observer. L'eau, étant plus lourde que le vin, tend tout naturellement à descendre dans le petit flacon, et, pour se faire de la place, il faut qu'elle en chasse le vin : c'est en effet ce qui se produit, car on voit tout de suite un joli ruban, un filet de vin monter hors de la bouteille. Au point de vue de la coloration, rien n'est plus joli que ce petit courant de vin sortant comme de la fumée et montant à la surface de l'eau que contient le verre, puisqu'il est plus léger que cette eau. Le phénomène se continue jusqu'à ce qu'il n'y ait plus une goutte de vin dans le flacon; il se produit d'autant plus vite qu'il y a dans le verre une couche d'eau plus épaisse au-dessus du goulot : c'était ce que nous annoncions tout à l'heure, et cela se passe ainsi, parce qu'une plus grande quantité d'eau pèse plus lourdement sur le vin du flacon, et, par conséquent le force à déguerpir plus vite.

Regardez bien la surface du verre, tandis que le phénomène se produit, et vous y verrez, au centre de la nappe de vin qui s'étend déjà uniformément, un rond blanc, très régulier, qui se forme précisément au point où le filet de vin monte à la surface. C'est fort curieux à observer, et c'est tout à fait analogue aux couronnes de fumée qui s'échappent par exemple d'une pipe.

Un côté drôle de cette petite expérience si facile, c'est qu'elle peut être présentée sous une forme humoristique. Étant donné un flacon rempli de vin, le vider ou du moins transformer la couleur de son contenu en blanc sans y toucher. Et effectivement, si, pendant le phénomène, vous cachez sous un mouchoir le verre contenant l'eau et le flacon, vos spectateurs seront tout étonnés, quand vous leur montrerez le flacon, d'en apercevoir le contenu absolument blanc; dans ce cas, pour donner l'illusion complète, il faut retirer le flacon sous le mouchoir, pour qu'ils ne voient pas le vin sur l'eau. Nous n'avons pas besoin de dire qu'on peut varier l'expérience en prenant d'autres liquides, par exemple du lait et de l'eau, étant donné qu'il faut mettre le liquide le plus léger dans le flacon sous peine de ne rien voir se produire.

On peut aussi très bien faire l'expérience en *sens inverse* : si, par exemple, on remplit le flacon de vin, comme tout à l'heure, qu'on le bouche avec son pouce, qu'on le retourne ensuite soigneusement pour le poser verticalement au fond d'un verre plein d'eau, le vin restera dans le flacon (à condition, comme nous le disions tout à l'heure, que ce soit bien réellement du vin), tout simplement parce que l'eau, plus lourde, vient refouler le vin dans sa petite demeure. Et ceci pourrait nous servir en passant à démontrer que, dans un liquide, la pression s'exerce dans tous les sens, aussi bien de *bas en haut* que de haut en bas. — Si, dans cette position du flacon renversé, ledit flacon avait contenu du lait, celui-ci, plus lourd que l'eau, serait tout naturellement venu s'étaler au fond du verre.

On ne se figure point, dès l'abord, quels enseignements
variés peuvent fournir ces petites expériences, pourtant si
simples et si faciles à faire. Grâce à ce vase qui se trouve sur
toutes les tables, à ce petit flacon qui se trouve entre toutes
les mains, on peut s'établir à peu de frais un laboratoire

A, Le vin commence à monter. — B, Le vin a quitté le petit flacon,
C. Lait sortant du flacon renversé.

d'essai des vins. Nous ne voulons pas dire que par là on
puisse analyser un vin et dire exactement ce qu'il contient,
mais du moins qu'on peut reconnaître avec certitude, aussi
bien qu'avec un instrument compliqué de physique ou de
chimie, si l'on a devant soi du vin naturel ou du vin fraudé
en quelque manière. En effet, le vin n'est plus léger que l'eau
qu'à condition de ne contenir aucun corps étranger, aucune
de ces substances qu'on y met pour le frauder, sucre, plâtre,
fuchsine, etc. (car la liste en est longue). Établissons notre
première expérience, le flacon debout, le goulot en haut, dans

le vase d'eau : si le vin sort, c'est qu'il est effectivement plus léger que l'eau, c'est qu'il n'est pas fraudé. Établissons maintenant l'expérience inverse, le flacon, le goulot en bas : s'il sort le moindre filet de vin, c'est qu'il est plus lourd que l'eau, et que par conséquent il est fraudé par l'addition d'une substance quelconque.

On le voit : sans aucun instrument, sans aucune préparation, nous avons démontré une grande loi de physique, celle des densités, et nous voici possesseurs d'un laboratoire à faire concurrence à celui de la Ville de Paris.

LE CENTRE DE GRAVITÉ
ET LES SURPRISES DE L'ÉQUILIBRE

Les lois de l'équilibre sont assurément celles qui devraient nous être les plus familières : constamment, dans chaque circonstance de la vie de tous les jours, nous y faisons appel, sans nous en rendre compte le plus souvent, il est vrai. Les applications les plus simples de ces lois ne manquent pas de nous plonger dans un étonnement complet : nous n'en pénétrons pas dès l'abord la cause, cependant toujours la même. Le champ est pourtant bien vaste des expériences de physique que l'on peut faire dans cet ordre d'idées, sans appareil aucun ; et nous aurons maintes occasions d'y revenir devant ceux de nos lecteurs qui voudront bien suivre nos promenades à travers la physique.

Lorsqu'il s'agit d'équilibre, c'est toujours de *centre de gravité* qu'il faut parler : encore faut-il se bien rendre compte de ce qu'on entend par ce mot. Le centre de gravité est la somme de toutes les forces ou de toutes les pesanteurs d'un corps concentrées sur un seul point ; on peut expliquer la chose en représentant le centre de gravité comme le point où le corps peut être tenu en équilibre. Dans un corps régulier et homogène (c'est-à-dire composé d'une seule et même substance absolument uniforme), ce centre de gravité est au centre même de la figure : dans une sphère, dans une boule, il est au centre de la sphère, de la boule, et, si l'on fait passer en ce point une tige sur laquelle la boule puisse tourner, celle-ci restera immobile tant qu'on n'y touchera point, ou demeurera dans la position où il nous aura plu de la mettre. De même prenons un carré de papier, un carré parfaitement exact : nous en obtenons le centre en traçant les deux diagonales, c'est-à-dire les lignes réunissant deux angles opposés. Le point où se coupent ces deux diagonales, centre de la figure, est aussi le centre de gravité. Piquons une épingle en ce centre, et faisons tourner verticalement notre carré de papier : il s'arrêtera indifféremment dans une position quel-conque. Au contraire, sur une des parties de la figure, en un coin du carré par exemple, collons un peu de cire à cacheter, et faisons encore tourner notre figure verticalement autour de l'épingle : elle ne demeurera plus dans une position quelconque, elle ne demeurera plus en équilibre. Il arrivera que constamment elle tournera jusqu'à une position où le coin chargé de cire se trouvera au point le plus bas de sa course, exactement au-dessous de l'épingle. Une boule, en un point de laquelle on aura incrusté un morceau de plomb, prendrait une position analogue, en ce sens qu'elle tournerait jusqu'à ce que ce point lesté, ce point le plus lourd, descendît juste au-dessous de l'épingle qui forme l'axe de rotation. Supposons cette même boule, non plus enfilée d'une tige, mais disposée sur une table horizontale, sur un billard : dès qu'on l'abandonnera, elle tournera sur elle-même, et la partie lourde se trouvera dans la position où elle sera la plus voisine du tapis, juste au-dessus du point d'appui.

C'est la vérification, au moyen d'expériences faciles, d'une importante loi de physique, disant qu'il y a équilibre quand la verticale, la perpendiculaire passant par le centre de gravité, passe aussi par le point d'appui.

Comme conséquence, les objets ayant une base large sont plus aisément en équilibre que ceux qui ont une base étroite.

En effet supposons un pain de sucre, par exemple, posé sur sa base : en réalité il a de nombreux points d'appui, et il n'est pas malaisé que la perpendiculaire abaissée du centre de gravité vienne à tomber en un quelconque de ces points : il faudrait le pencher beaucoup pour que cette condition ne fût plus remplie et qu'il vînt à tomber. Au contraire, prenons le pain de sucre dans l'autre sens, et essayons de le faire tenir sur sa pointe : la réussite n'est pas impossible, mais elle est du moins difficile, car il n'y a qu'une position dans laquelle la perpendiculaire passant par le centre de gravité passera aussi par le point d'appui, et, pour peu qu'on écarte le pain de sucre de cette position, il tend à se renverser. De même l'homme, qui a son centre de gravité au creux de l'estomac, ne peut beaucoup se pencher d'un côté ou de l'autre sans risquer de tomber par terre.

En outre, et à peu près pour la même raison, un corps est d'autant plus solide que son centre de gravité est placé plus bas. Cela se comprend de soi-même, car si ce centre est très bas, il faut pencher l'objet relativement beaucoup pour qu'une perpendiculaire, passant par ce centre, tombe en dehors du point ou des points d'appui. Nous avons constamment sous les yeux des preuves de ce principe : une diligence dont l'impériale est très chargée est particulièrement exposée à verser; un tricycle peut de même aisément se renverser sur le côté, parce que le bas de l'appareil est très léger, tandis que le haut est lourdement chargé, ce qui amène le centre de gravité à être assez élevé

Tout ceci est peut-être un peu aride ; mais on en peut faire de plaisantes applications.

Tels sont d'abord les petits bonshommes, les bouteilles inrenversables. Taillez dans de la moelle de sureau (substance excessivement légère) de petits pantins aux allures plus ou moins primitives, dans le pied desquels vous piquez un clou à tête ronde; achetez des petites bouteilles en papier noirci, ou faites-en vous-mêmes en ayant soin d'en former le fond d'une demi-balle de plomb. Essayez de coucher horizontalement pantins et bouteilles; et, dès que votre main ne les

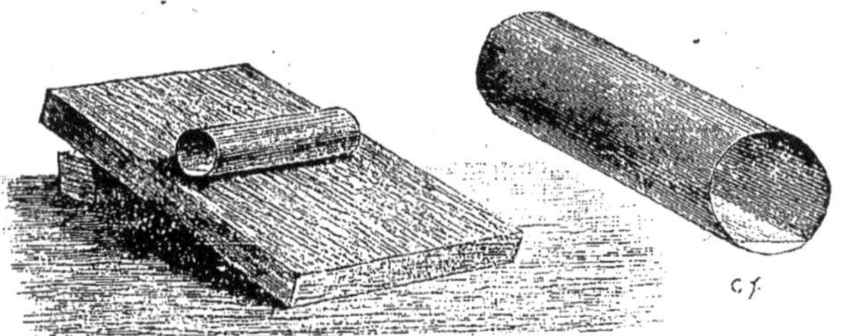

Expériences sur le centre de gravité.

maintiendra plus, pantins et bouteilles se relèveront et se remettront dans la position verticale. C'est que (la moelle et le papier du corps de la bouteille ne pesant à peu près rien) le clou et la demi-balle auront repris leur position d'équilibre, celle où le centre de gravité et le point d'appui sont sur la même perpendiculaire.

Voici maintenant une expérience pour montrer la stabilité des corps où le centre de gravité est placé très bas. Prenez un œuf, faites à un des bouts un trou de la largeur de quelques têtes d'épingles ; à l'autre bout, percez un tout petit trou et soufflez par celui-ci pour chasser, par l'autre, toute la substance de l'œuf hors de la coquille. Il s'agit de faire tenir notre œuf en équilibre comme il nous plaira.

Christophe Colomb, pour répondre à certaines objections qu'on faisait à ses théories, avait trouvé un moyen assez simple de résoudre la question : d'un tout petit coup il avait cassé et aplati très légèrement le bout de l'œuf, et, suivant ce que nous avons dit plus haut, l'équilibre était plus aisé à obtenir, la base d'appui étant plus considérable. On affirme du reste qu'avec beaucoup de patience on peut arriver au même résultat sans supercherie, car il n'est nullement inadmissible qu'on puisse poser l'œuf sur sa pointe de telle façon que la perpendiculaire abaissée du centre de gravité passe par le point d'appui. Mais il faut, pour réussir cet exercice d'équilibre, une adresse peu-commune. Notre œuf préparé va nous faciliter la chose. En effet, emplissons-le partiellement de sable sec et bouchons les deux trous avec de la cire blanche pour les rendre invisibles : d'un petit coup sec nous déplacerons ce sable à volonté et nous pourrons faire tenir l'œuf dans toutes les positions. Le succès sera encore bien plus sûr si nous employons de la grenaille de plomb, qui est beaucoup plus lourde : dans ces conditions, l'œuf se tiendra à notre volonté debout sur une de ses extrémités, immobile sur le flanc, dans une position quelconque ; et même nous pourrons le placer en équilibre sur le bout de notre doigt, sur le bord d'une assiette, le plat d'un couteau. Nous pourrons un peu varier l'expérience en mettant dans l'œuf de la poudre de cire à cacheter mêlée de grains de plomb, et en la faisant fondre ensuite dans une position déterminée de l'œuf, que nous placerons sur un poêle. Grâce à ce petit stratagème, un œuf, semblable en apparence au premier, n'aura qu'une seule position d'équilibre; si la masse de cire et de plomb est collée à l'une des extrémités de la coquille, celle-ci se mettra tout naturellement debout dès qu'on l'abandonnera à elle-même, comme la bouteille de tout à l'heure, et, encore comme celle-là, elle reprendra cette position dès qu'on l'en aura écartée.

Faisons encore une autre expérience sur le centre de gravité à l'aide d'un instrument que chacun doit posséder : un simple étui, un cylindre de carton comme ceux où l'on enferme des pastilles, des pilules pharmaceutiques. Si nous couchons ce cylindre sur un marbre de cheminée, il aura tendance immédiate à rouler le plus souvent jusqu'à ce qu'il tombe par terre, à condition bien entendu qu'il ne se trouve pas le moindre obstacle pour l'arrêter. Mettons-y un peu de sable ou plutôt du petit plomb, qui est plus lourd, et recouchons-le sur la table : le centre de gravité est grandement abaissé, si bien que le cylindre est en équilibre stable, dans quelque position qu'on le mette; on a même grand'peine à le faire rouler. Bien plus, versons de la cire à cacheter dans l'étui, de façon à ce qu'elle s'étende sur une ligne droite le long d'un des flancs de l'étui : le centre de gravité sera ainsi fixé immuablement très bas, et le cylindre ne sera en équilibre que dans une seule position; si on l'en écarte, il y reviendra de lui-même. Marquons d'un point, visible de nous seul, le côté où est déposée la cire, c'est-à-dire celui sur lequel il faut déposer l'étui pour qu'il se tienne immobile : si nous l'y posons, semblant nous obéir, il restera immobile; au contraire, le plus souvent, quand une autre personne le placera sur un plan, il semblera désobéissant et se mettra à rouler. Enfin, avec cette disposition, et en ayant soin d'alourdir la coulée de cire en y incrustant des grains de plomb, on pourra obtenir du cylindre qu'il reste immobile sur un plan incliné, et même qu'il remonte quelque peu ce plan. Pour cela, en supposant un plan incliné vers la droite, il faut avoir soin de poser l'étui de façon que la partie lourde et son centre de gravité soient à gauche du point où il sera posé : cette partie lourde aura tendance à s'abaisser, fera tourner l'étui, qui, par conséquent, remontera un peu la pente, ce qui paraît absolument paradoxal.

Nous nous réservons, du reste, de revenir maintes fois sur ces questions d'équilibre, où nous rencontrerons à chaque pas des surprises.

UN AUTOMATE MYSTÉRIEUX

LE pavé parisien voit à chaque instant éclore des petits jouets curieux, de la construction la plus élémentaire, d'un bon marché incroyable, et reposant en général sur quelque principe fort simple de physique ou de mécanique. C'est ainsi qu'à un moment la nouveauté qu'on pouvait s'offrir pour la modeste somme de 10 centimes, était une sorte de petit automate, ayant, dans ses proportions minuscules (5 centimètres et demi de longueur à peu

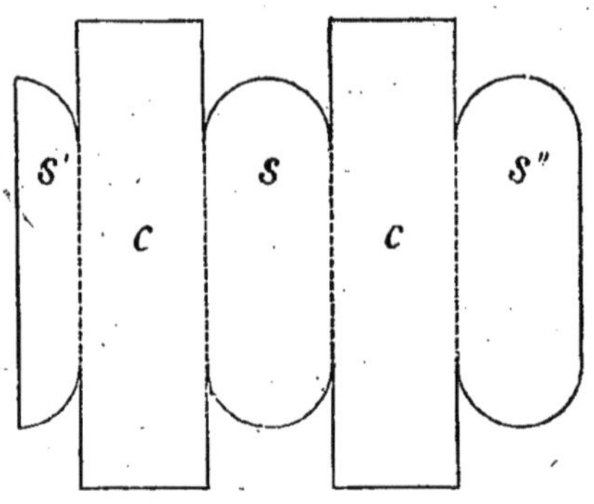

près) la forme d'une de ces petites boîtes en bois blanc où l'on enferme les bergeries enfantines. Déposez ce petit *parallélépipède* de papier sur un plan légèrement incliné : il se mettra à tourner sur lui-même brusquement et par saccades, d'un bout sur l'autre, à la façon d'un clown faisant la roue; donnez au plan l'inclinaison inverse, et le petit jouet reprendra sa course désordonnée en sens opposé. D'ailleurs, pla-

çons-le debout sur une table horizontable, il s'y maintiendra
en équilibre.

L'explication du phénomène est très simple. Dans l'intérieur de cette petite boîte de papier roule à son aise une
bille de marbre : lorsque la boîte est mise debout, comme

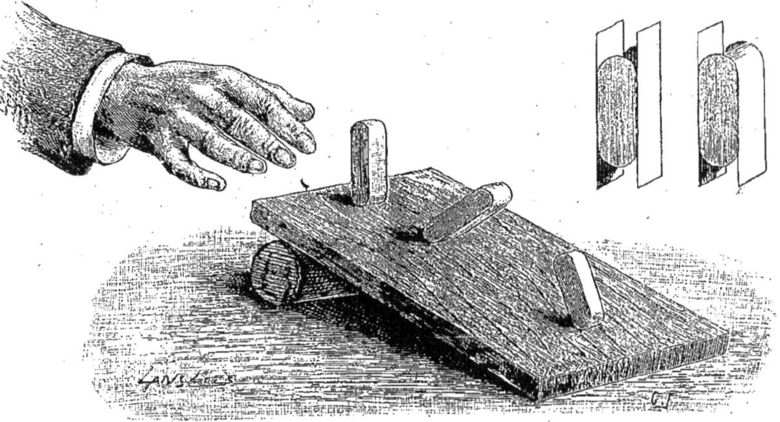

L'automate mystérieux.

nous le disions à l'instant même, la bille, suivant ce qui a
été dit ici plus haut, donne au système un centre de gravité
très bas, ce qui lui permet de rester facilement en équilibre.
Vient-on à pencher la surface sur laquelle repose notre soi-
disant automate, la bille se prend à rouler, et entraîne dans
son mouvement la boîte de papier qui est très légère, la
couchant d'abord sur le côté, puis faisant relever brusquement l'extrémité opposée, grâce à sa vitesse acquise. Et
ainsi de suite, tant qu'on laisse au plateau la même pente.
Au commencement, il faut donner une certaine impulsion
à la bille sous peine de voir simplement glisser la boîte.

Et maintenant, au risque de nous faire maudire par les
vendeurs de ce petit jouet, nous leur ferons concurrence en
donnant la méthode de construction de cet automate pour
rire. Notre figure s'explique d'elle-même : on prend du
papier assez ferme, on le coupe sur le patron que nous

donnons ; puis on le replie suivant le pointillé, en collant la languette S' sur l'autre S''; on enferme ensuite la bille qui ne doit pas être trop grosse, entre les côtés repliés en rond à leurs extrémités, et l'on passe une bande comme une ceinture, bien collée, pour fermer complètement la boite. La bande formant ceinture est tout simplement une bande de papier haute comme la partie C, et assez longue pour faire plus que complètement le tour de la petite boîte. Bien entendu les dimensions de la boîte doivent être proportionnées à la grosseur de la bille qu'on veut y enfermer. On se trouve possesseur d'un jouet vraiment curieux, qui excite l'étonnement par ses mouvements saccadés et mystérieux.

QUELQUES EXPÉRIENCES
D'INCOMBUSTIBILITÉ

On sait qu'il existe en Afrique un secte fanatique connue sous le nom d'Aïssaouas, dont les membres s'imposent des épreuves de toutes sortes : ils croquent et avalent du verre pilé, se percent les bras de longues aiguilles, marchent, sans paraître en souffrir, sur des tôles portées au rouge. A coup sûr, il en est pour qui l'insensibilité est le résultat d'un état maladif; mais il faut bien dire aussi que, parmi les troupes d'Aïssaouas, ou prétendues telles, qui se montrent en Europe notamment, il est un grand nombre de sujets qui ne sont, en réalité, que des prestidigitateurs fort habiles. Ils ont en particulier des moyens pour marcher sans danger, quoique nu-pieds, sur des morceaux de fer portés au rouge.

C'est qu'il existe, en effet, une série de moyens pour rendre les tissus incombustibles, du moins pendant un instant.

Il y a d'abord une supercherie dont usent bien souvent les

saltimbanques. Ils apportent une immense terrine contenant du plomb en fusion, ou du moins un métal en fusion qui joue le plomb à s'y méprendre, et il s'y plongent bravement leurs pieds nus. C'est qu'en réalité ce bain de pied fort original est composé d'un mélange de bismuth, de

Expérience avec une bougie enflammée.

plomb et d'étain, ce qu'on nomme en physique le métal fusible de Darcet : si le plomb fondu brûle terriblement les chairs, c'est qu'il ne fond qu'à une température assez élevée; au contraire, le métal de Darcet fond même à une chaleur assez faible, et alors il ne brûle pas plus que l'eau très chaude. En outre les saltimbanques, en général, avant de plonger leurs pieds dans le métal, ont coutume d'y jeter un morceau à l'état solide du même métal; alors, par suite d'un phénomène physique curieux, presque toute la chaleur du bain se porte tout à coup sur le morceau de métal.

Mais il est malaisé souvent de se procurer du métal de Darcet, et cependant il est facile de se livrer aux expériences les plus variées d'incombustibilité. On sait qu'il est bon, pour saisir quelque chose de très chaud, de se mouiller préalablement les mains ; les ouvriers des fonderies vont plus loin dans l'application de cette méthode, et, de leur main simplement humide, ne craignent pas de couper une veine de fonte en fusion. Il n'en résulte aucun mal pour eux, à condition, bien entendu, qu'il ne laissent point leur main sous le jet : c'est qu'en effet l'eau qui est à la surface de la peau se vaporise brusquement et fait un matelas protecteur de vapeur, en même temps que l'évaporation produit un grand refroidissement qui évite la brûlure. Au lieu d'eau, on peut employer, comme préservatifs, tous les liquides qui produisent brusquement une grande quantité de vapeur et, par conséquent, un froid très intense (à condition que la vapeur ne soit pas, bien entendu, de la vapeur inflammable); on emploie notamment l'acide sulfureux, qui a une énorme puissance de refroidissement, il en est de même de l'ammoniaque; sans allonger outre mesure ces indications, il est bon d'indiquer un moyen de rendre la peau insensible à la chaleur, au moins pendant un instant : c'est de la frotter avec un amalgame d'alun et de savon commun.

Malgré la sécurité absolue que donnent ces diverses préparations, je me garderai bien d'engager mes lecteurs à tenter les expériences ci-dessus; ceux qui se les permettent sont en général des ouvriers habitués à braver des dangers qui se renouvellent constamment autour d'eux dans les fonderies et usines, ou des saltimbanques qui courent souvent de grands risques : la moindre inadvertance suffit pour causer de terribles brûlures. Mais je voudrais indiquer deux essais qui relèvent des principes exposés et qui d'ailleurs, tout en étant moins dangereux, ne doivent pas être tentés par de jeunes têtes quelquefois un peu étourdies.

Prenons une allumette au moment où le phosphore et le souffre sont complètement brûlés; on peut la tenir sans danger et sans aucune sensation de brûlure dans la bouche,

entre les dents, la flamme sous le palais cependant. Il est
vrai de dire que la flamme d'une allumette est peu de chose.
Prenons une bougie, allumons-là, et nous pourrons la tenir
de même, horizontalement, enfoncée assez profondément
dans notre bouche, sans ressentir autre chose, pendant un
temps relativement assez long, qu'une simple impression de
tiédeur : et cela tout simplement parce que l'humidité naturelle du palais, des gencives, de la langue, produit une évaporation assez considérable pour atténuer la chaleur de la
bougie. Bien entendu, il ne faut mettre la bougie dans cette
position qu'au moment même où elle vient d'être allumée :
autrement il tomberait sur la langue de la bougie fondue.
Une personne prudente pourra ainsi faire une fort curieuse
expérience de physique sans appareil. –

LES ILLUSIONS DES SENS

LE CHARIOT MAGIQUE

Si l'on ne peut pas dire que tout soit illusion dans la vie,
on est du moins en droit d'affirmer que les illusions sont
fréquentes ; nous parlons de la vie matérielle. Nous croyons
entendre bien plus que nous n'entendons, nous croyons voir
bien plutôt que nous ne voyons réellement ; nos sens, l'ouïe,
le toucher, la vue spécialement nous trompent, ou, pour
mieux dire, nous ne savons point interpréter et comprendre
les renseignements qu'ils nous fournissent. Nous nous ima-
ginons toujours que les choses se passent de la même façon
que nous les voyons d'ordinaire se passer ; et enfin souvent
il nous manque des points de comparaison pour bien juger
les phénomènes qui se présentent à nous.

Les deux sens qui nous trompent le plus fréquemment sont
à coup sûr le toucher et la vue ; les erreurs qu'ils nous font
commettre sont si fréquentes, que l'observateur, le savant,

doivent toujours se défier de leur témoignage. Les illusions de la vue, ce qu'on nomme les *illusions d'optique*, offrent une variété curieuse : tantôt elles portent sur la grandeur, sur les dimensions des objets, tantôt sur le mouvement, tantôt enfin sur l'existence même des choses. Nous nous réservons de revenir sur ces divers genres d'illusions et de donner à nos lecteurs des exemples très variés; pour l'instant nous nous contenterons d'indiquer une impression curieuse *de mouvement*, et de mouvement rapide, donnée par une figure absolument immobile.

Bien entendu, il ne s'agit pas de ce qu'on nomme le mouvement relatif par comparaison simultanée : si vous êtes dans un train en marche, il vous semble être immobile tandis que la campagne paraît défiler devant vous à la façon d'un rideau de panorama; de même, si vous êtes au bord d'une rivière, l'eau vous semble immobile et la rive semble s'enfuir. Mais il ne s'agit point de cela ici. Le phénomène vraiment curieux, c'est que si, après avoir regardé fixement pendant quelques minutes une chute d'eau, une cascade tombant d'une certaine hauteur, on regarde brusquement les parois rocheuses de la cascade, on est tout stupéfait de voir ces parois sembler remonter, animées d'un mouvement inverse de celui de la cascade. Il arrive souvent, dans la moindre petite rivière, que, en temps d'inondation, de hautes eaux, le milieu du courant a une rapidité beaucoup plus grande que les côtés : si l'on regarde fixement ce milieu et que tout à coup on porte ses regards sur la partie tranquille du cours, il semble vraiment que, dans cette partie, le long des bords, l'eau se dirige à l'inverse du sens naturel de la rivière. Ce sont là des phénomènes fort curieux et qui intéressent de très près la physique et la physiologie; aussi de nombreux savants les ont-ils étudiés, notamment un professeur de physique américain, M. S. P. Thomson. On dirait qu'il existe dans l'œil une propriété particulière, une propriété de compensation pour ainsi dire; l'œil, dans l'exemple que nous avons pris, semble fatigué d'avoir vu l'eau couler rapidement de gauche à droite, et il veut nous donner ensuite en compensation, l'impression d'une autre nappe d'eau coulant de droite à gauche.

Mais l'exemple que nous fournit la figure accompagnant cet article est d'un effet beaucoup plus drôle.

Appuyez le journal à plat sur une table, et, tandis que vous

Le chariot magique.

regardez fixement les roues du chariot, faites glisser la figure en lui imprimant un léger mouvement de rotation. Pour imprimer ce mouvement, vous n'avez qu'à pousser un peu le journal vers la droite par exemple, puis à le ramener à vous en le tirant vers le bas, le pousser ensuite à gauche par un mouvement inverse du premier, enfin le faire remonter vers le haut, et continuer la série de ces mouvements. On est tout étonné de voir immédiatement les roues se mettre à tourner soit vers la droite soit vers la gauche, selon l'impul-

sion donnée. Accélérez le mouvement de rotation, le chariot
semble animé d'une vitesse considérable.

Il est aisé de voir comment sont constituées les roues de
ce chariot : ce sont simplement des cercles concentriques
noirs de 2 à 3 millimètres de largeur, et séparés par d'autres
cercles concentriques de même largeur, mais blancs ; autant
que possible, il est bon de ménager un point blanc au centre.
La seule recommandation à observer pour bien voir tourner
ces roues magiques, est d'avoir soin, en regardant ces cercles,
de fixer spécialement les yeux sur un point voisin du dernier
cercle extérieur.

On peut varier du reste ces expériences, et le type de
dessin que représente notre gravure : par exemple il est
curieux de tracer un seul cercle noir de 3 ou 4 millimètres
de largeur, et portant intérieurement des dents noires régulièrement disposées ; et on le voit tourner rapidement dans
les mêmes conditions, à condition bien entendu qu'on ne
regarde pas directement le dessin, mais *seulement du coin de
l'œil,* comme on dit. Une autre variante consiste à faire une
figure compliquée, composée de plusieurs cercles analogues
à ce dernier ou aux roues de notre chariot, et disposés régulièrement pour former une sorte de rosace, où un mouvement
circulaire vient donner l'impression étrange d'une série de
cercles en mouvement.

Nous n'avons pas besoin de dire que le chariot représenté
sur le dessin ci-joint n'ajoute nullement à l'intensité de l'impression ; mais il donne à cette expérience véritable une
forme très curieuse.

Quant à l'explication du phénomène, elle est fort malaisée,
puisque bien des physiciens, et notamment celui dont nous
avons parlé tout à l'heure, y ont à peu près perdu leur peine ;
peut-être y faut-il voir un résultat de la persistance des
impressions lumineuses, dont nous aurons occasion de
parler un jour. Toujours est-il que c'est là une preuve de la
confiance relative que nous devons avoir dans les sensations
que nous fournit notre vue.

LA TÉLÉGRAPHIE OPTIQUE VULGARISÉE

On a souvent expliqué quelle était la base du fonctionnement du télégraphe imaginé jadis par Claude Chappe, et montré comment sur nos côtes, à bord de tous les bâtiments de guerre ou de commerce, l'on continue de faire usage d'une télégraphie optique, en constituant des signaux au moyen de pavillons de formes et de couleurs différentes.

Mais il s'agit aujourd'hui d'une télégraphie optique plus spéciale, de celle à laquelle les armées de terre ont recours surtout pendant la nuit, et qui consiste en émission de rayons lumineux.

Les transmissions optiques ont un grand avantage : elles n'exigent aucun fil entre les stations qui communiquent, aucun lien matériel difficile à établir, et d'autre part facile à couper par les ennemis; de plus elles permettent de franchir rapidement de grandes distances, comme nous allons le voir.

La télégraphie optique lumineuse (pour employer un mot qui la caractérise bien) repose sur l'emploi de l'alphabet Morse. Rappelons en deux mots ce qu'est cet alphabet, créé pour la télégraphie électrique. Dans l'appareil Morse, suivant qu'on appuie longtemps ou peu sur le manipulateur, on fixe sur la bande de papier réceptrice 2 traces différentes, le point et le trait; en combinant de diverses façons ces 2 traces on arrive aisément à représenter toutes les lettres de l'alphabet, aussi bien que les chiffres. C'est ainsi qu'un A, se représentera par un point et un trait; un B, par un trait et 2 points; un I, par 2 points; un M, par 2 traits. Dans la télégraphie optique lumineuse, le principe est le même, seulement on émettra un rayon lumineux long ou court suivant qu'on voudra représenter un trait ou un point, autrement dit on montrera une source lumineuse pendant un certain temps, dans le premier cas; dans le second, on ne fera que la laisser apparaître un instant.

Aujourd'hui cette télégraphie optique est si perfectionnée qu'elle permet des communications à longue distance; 20 à 50 kilomètres constituent une distance ordinaire; il y a quelques années, on a pu facilement établir un télégraphe optique entre l'île de France et l'île Bourbon, qui sont pourtant à 180 kilomètres l'une de l'autre.

Aujourd'hui l'on peut dire que toutes les armées sont dotées de corps de télégraphie optique; pour la France au moins, les appareils ont été imaginés par le colonel Mangin, celui-là même qui a inventé les projecteurs dont on se sert en marine pour éclairer la surface de la mer.

Tout appareil se compose essentiellement d'un transmetteur et d'un récepteur; le transmetteur doit émettre les rayons lumineux, et pour cela il comprend un miroir concentrant les rayons lumineux et les concentrant en un faisceau unique : la lumière peut être fournie ou simplement par le soleil ou bien par une lampe à pétrole, ce dernier mode étant naturellement le seul possible pendant la nuit. En outre on dispose un écran qui permet d'intercepter, ou, au contraire, de laisser passer le rayon lumineux. Quant au récepteur, c'est tout uniment une lunette terrestre vulgairement appelée lunette d'approche : on a recours à cet instrument, parce que, avec le secours des yeux, on ne pourrait, à 40, à 50 kilomètres de distance, apercevoir les éclats de lumière.

Dans les appareils dits de campagne, que les régiments emportent avec eux et qui ne sont pas installés à poste fixe dans quelque fort, il n'y a pas de miroir réfléchissant les rayons lumineux, mais simplement une lentille biconvexe, qui elle aussi concentre ces rayons. Le résultat est toujours le même. Un des télégraphistes se met au transmetteur, après avoir allumé sa lampe, et manœuvre son écran, de façon à laisser paraître des éclats, longs ou courts, suivant les mots qu'il veut télégraphier; l'autre télégraphiste, l'œil à sa lunette, surveille les éclats et note au fur et à mesure la série de lettres, de mots et de phrases qu'on lui signale.

On comprend que ce procédé de télégraphie doit rendre de très grands services, d'autant qu'on ne peut voir les feux et

les signaux que si l'on est exactement dans l'axe du faisceau
lumineux émis; pour peu que les 2 postes télégraphiques
soient un peu élevés, les correspondances s'échangent aisément par-dessus les lignes de l'ennemi sans qu'il s'en doute.

Mais le meilleur moyen pour bien se rendre compte de ce

Appareil de télégraphie optique,

qu'est la télégraphie optique, c'est de la pratiquer. Bien
entendu nous n'avons pas l'intention de pousser nos lecteurs
à s'acheter les appareils fort coûteux que nous avons décrits;
mais, suivant notre habitude, nous allons les mettre en mesure
de construire eux-mêmes les instruments dont il s'agit, au
moins dans leur forme essentielle. La chose est d'autant plus
intéressante qu'on peut bien souvent, à la campagne, avoir
le désir de se mettre en communication rapide avec une habi-
tation dont on est séparé par une certaine distance ou par
un cours d'eau, et qu'on ne veuille pourtant pas recourir à
l'établissement d'une ligne téléphonique.

Disons tout de suite qu'il ne s'agit pour nous que d'un appareil de démonstration et de faibles distances à franchir : nous supprimerons donc le récepteur, du moins nous n'aurons rien à en dire, sinon qu'on pourrait employer une simple lorgnette de théâtre.

L'organe essentiel, mais facile à se procurer, c'est une petite lampe à pétrole brûlant bien, mais d'un format réduit; le réservoir surtout doit n'avoir qu'une faible hauteur. Procurons-nous maintenant une caisse de bois où puisse tenir cette lampe. Vous pourriez évidemment prendre une caisse quelconque, mais je vous conseille plutôt une ancienne caisse à cigares, si vous en trouvez une assez grande pour contenir votre lampe : le bois en est facile à travailler. Le mieux sera d'abord de monter le couvercle à charnières, pour en faire la porte de la boîte. Le haut de notre chambre doit être percé d'un trou rond, désigné par la lettre T sur notre figure, et destiné à laissé passer les gaz chauds; d'autre part, pour permettre l'entrée de l'air, le fond de la boîte est percé en t, t, de petits trous, et cette boîte même est montée sur 4 petits tasseaux de bois A A, pour faciliter l'aérage. Sur le flanc de la boîte, en T', est percé un trou rond qui va laisser passer les rayons lumineux; mais il faut un écran pour arrêter ces rayons, et le voici en E. C'est une petite plaquette de bois ronde portant un prolongement, une sorte de queue fixée à la paroi de la boîte par un clou ou une vis, de telle sorte qu'en tournant autour de ce point fixe, elle peut venir masquer l'ouverture T. Voici l'écran posé; mais, pour en rendre la manipulation plus facile, on fixe en C un clou, un crochet quelconque; en outre on attache d'une part à la queue de l'écran et d'autre part à un clou C' un fil de caoutchouc : quand on abandonne l'écran à lui-même, ce fil a pour résultat de le ramener devant le trou T', qu'il obture jusqu'à frapper le clou d'arrêt C'.

Tout le maniement se comprend dès lors bien facilement. Bien que la lampe soit allumée, sous l'action du caoutchouc l'écran est en place, aucun rayon ne peut frapper les yeux de l'observateur. Voulez-vous télégraphier un point? écartez l'écran de sa position, découvrez l'orifice T', et par suite la lumière, puis lâchez brusquement et rapidement le clou C, le manipulateur, ce qui masque aussitôt la lumière; pour signaler un trait, on laisse plus longtemps l'écran écarté de sa position.

L'appareil a le mérite de ne coûter à peu près rien, d'être d'une construction des plus faciles, et il met entre les mains de chacun une démonstration pratique et simple d'un moyen de communication rapide des plus curieux.

POIDS ET BALANCES

C'EST constamment que, dans l'existence de tous les jours, pour les choses les plus sérieuses comme pour les plus secondaires, l'on a besoin de trouver, de constater le poids des objets les plus variés. Bien entendu, nous entendons le *poids* dans le sens qu'il a dans le langage vulgaire. Il ne s'agit point d'étudier d'une façon abstraite l'action que la pesanteur peut avoir sur tel objet ou telle matière, mais de chercher le poids relatif d'un objet, de comparer l'action exercée par la pesanteur sur cet objet avec celle qu'elle exerce sur un corps déterminé pris pour unité; cette unité, ou plutôt ces unités, ce sont les poids, en prenant ce mot dans un nouveau sens. C'est ainsi qu'on parle de poids d'un gramme, d'un kilogramme, etc. Ce sont là des notions que chacun sait, au moins dans leur essence.

L'instrument que l'on emploie pour faire la comparaison simultanée des poids, c'est la balance, que tout le monde connaît, mais que l'on n'apprécie point à sa valeur. Pour qu'elle pèse juste, c'est-à-dire pour que son fléau se tienne horizontal quand on met deux poids égaux dans chacun de ses plateaux, il faut des conditions multiples et difficiles à obtenir : le fléau doit reposer par un couteau fixé juste en son milieu, il faut que ce couteau ait un tranchant mince, et que les plateaux soient exactement du même poids. Aussi la moindre balance nécessite dans sa construction une grande habileté mécanique et des soins minutieux. Et cependant nous voudrions donner à chacun le moyen de se faire, pour son usage personnel, un appareil rustique, de construction facile et rapide, lui permettant de peser assez bien, soit qu'il agisse d'une lettre ou d'un paquet de journaux à affranchir, soit qu'on veuille peser quelque substance photographique ou autre. Nous apprendrons à fabriquer des balances véritables nécessitant l'usage de poids, ou, ce qui est plus simple encore, des balances sans poids.

Après ce que nous avons expliqué sur la difficulté d'obtenir des balances justes, on doit bien penser que celles de notre construction seront loin de l'être. Mais ce qu'on nomme la double pesée de Borda (que nous allons pratiquer dans un instant) permet de ne pas se préoccuper de ce détail.

Nous prenons une règle R, aussi peu flexible que possible, et, vers son milieu, nous y enfonçons solidement deux pointes d'aiguilles EE' sur une même ligne transversale; elles doivent dépasser d'environ 1 centimètre. Elles vont jouer le rôle du couteau, d'un couteau qui réduira au minimum les frottements; elles reposent du reste sur un bloc de bois, un morceau de règle B, que nous fixons près du bord d'une table, comme l'indique notre figure. La surface de B est recouverte d'un morceau de verre, afin que la pointe des aiguilles ne s'enfonce pas ; mais pour l'empêcher de glisser, il vaut mieux, au moyen d'une lime pointue, faire deux petites cavités dans le verre, là où doivent reposer les extrémités des aiguilles. Ce petit creusement s'opère très facilement si l'on trempe la lime dans une dissolution de camphre dissous dans de la térébenthine. En H on cloue à la règle une petite lame de fer-blanc où, avec un clou, on estampe une dépression; dans cette dépression portera la pointe d'un crochet, d'un hameçon, supportant un plateau fait d'un couvercle de boîte, par exemple et soutenu par des fils. Au besoin on pourrait supprimer la lame e et la remplacer par un piton, mais les frottements seraient plus considérables et la balance moins sensible.

A l'autre bout, en L, nous fixons une plaque prolongée par une aiguille qui vient effleurer un bloc b portant horizontalement des lignes de repères. Quand on ne pèse rien, les choses doivent être telles que L repose légèrement sur la table. Nous mettons un objet dans le plateau, puis nous chargeons L de gravier, par exemple, jusqu'à ce que la règle soit horizontale, et nous notons la division de b en face de laquelle s'arrête la lame L. Puis nous enlevons l'objet du plateau et nous le remplaçons par des poids de façon que la lame L reprenne sa position en face d'une même division de b; nous avons fait la double pesée de Borda et il est évident que les poids accumulés dans le plateau représentent le poids de l'objet à peser, puisqu'ils exercent la même action. Voici donc une première balance dont les services ne sont limités que par la rigidité de la règle R et la résistance des aiguilles E et E'.

Vous pouvez vous construire un autre type, applicable surtout aux faibles poids. Nous fixons sur une table un bloc de bois b assez élevé et garni comme tout à l'heure d'une plaque de verre avec deux petites dépressions; d'autre part nous passons une aiguille à tricoter AA dans un demi-bouchon B, que nous faisons glisser en son milieu; à chaque extrémité de AA nous enfilons deux autres demi-bouchons B'B" symétriquement. Sous chacun d'eux est suspendu un petit plateau fait de carton ou autrement, au moyen d'un crochet CR passant dans un petit anneau de fil de fer, qu'il est bien facile de fixer au bouchon. A peu près comme plus haut, le couteau est fait de deux aiguilles aa'; perpendiculairement nous piquons dans B un morceau d'aiguille à tricoter T formant aiguille de la balance, et, sur une planchette P clouée derrière le bloc b, nous marquons par un trait l'endroit en face duquel s'arrête T quand la balance est au repos. On pourra procéder alors aisément à la double pesée de Borda, en faisant la tare, dans la première partie de l'opération, de manière à ce que T vienne se présenter devant la marque faite sur P.

Mais pour se servir de ces balances, il faut toujours garder des poids par devers soi ; nous allons au contraire indiquer la façon de construire des appareils qui, une fois réglés, ne nécessitent plus l'usage d'aucun poids. Pour cela nous nous inspirerons de la romaine et du peson. Dans la romaine, il est vrai, il y a une sorte de poids ou du moins de contrepoids, toujours le même, mais qui exerce une action d'autant plus forte qu'il agit au bout d'un plus grand bras de levier ; l'appareil est bien connu. Or il paraît qu'en Norvège on emploie, à la campagne, un système des plus primitifs qui s'explique par notre figure. C'est un morceau de bois assez long, portant un lourd renflement à droite et un crochet à gauche ; on l'appuie sur le coupant de la main, et, suivant que le point d'appui est plus près du crochet Cr, le renflement pèse plus lourdement au bout d'un bras de levier plus long. On conçoit facilement comment on gradue l'instrument : on pend successivement au crochet Cr des poids déterminés, l'on marque par une coche, sur le bâton, le point où doit se faire l'appui pour qu'il y ait équilibre : chaque coche correspond à un poids donné. Bien entendu le système n'est qu'approximatif, parce que l'équilibre exact est difficile à constater.

Voici un autre appareil plus exact, que représente notre figure 4. C'est une planchette de bois que l'on pourra tailler facilement avec une scie à découper : au milieu du grand cercle et au moyen d'un clou ce on fixe une aiguille en carton, de sorte qu'elle puisse osciller en frottant peu ; on la leste en ci d'une certaine épaisseur de cire à cacheter, pour qu'elle tende toujours à reprendre la position verticale. On dispose un étrier de fil de fer pour supporter l'appareil ; puis un autre étrier E, auquel est rattaché un crochet C, permettra de suspendre les objets à peser[1]. L'appareil peut évidemment se construire en dimensions très diverses. Pour la graduation à inscrire à la périphérie du cercle, on marque d'abord le 0 là où vient la pointe de l'aiguille quand l'appareil n'est point

---

1. On peut le remplacer par une pince à cravate si l'on ne fait qu'un appareil destiné à peser les lettres.

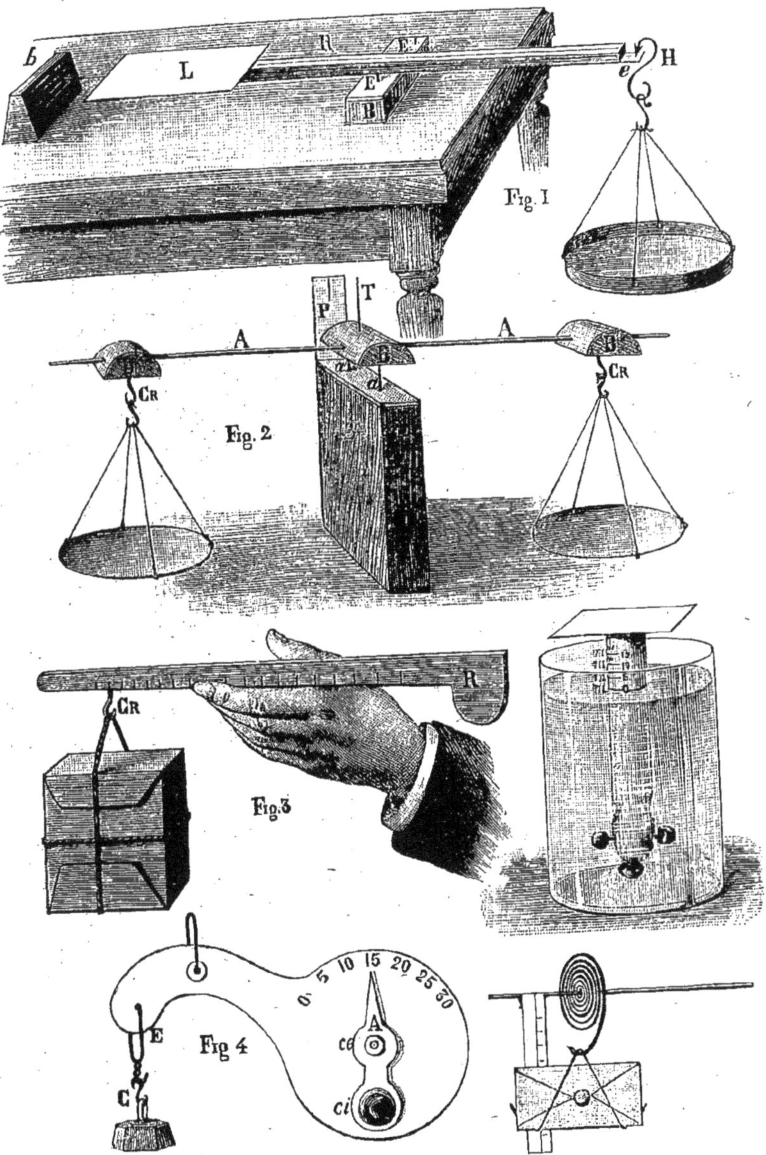

Construction des divers types de balances.

chargé; puis on pend au crochet des poids successifs et on marque sur le cadran le chiffre correspondant à l'endroit voulu.

Tous les cours de physique parlent des aréomètres et indiquent le moyen de les employer aux pesées. Fabriquons un de ces instruments, simplement en coupant un bout de manche à balai de 10 à 12 centimètres de long par exemple, puis en le lestant au moyen d'une vis ou d'un ou de plusieurs clous que nous piquons dans le bas; on n'en met que le strict nécessaire pour l'équilibrer et assurer sa verticalité quand il plonge dans l'eau. En haut de cet aréomètre primitif, nous fixons une planchette, un petit plateau, et nous mettons le tout à l'eau dans un bocal; la graduation se fait d'après les principes établis plus haut : on trace un trait, celui du 0, là où affleure l'eau sur le cylindre de bois non chargé; puis on marque le point d'affleurement avec un poids de 5, de 10 grammes, etc., et l'on possède un pèse-lettre excellent pouvant peser des poids d'autant plus considérables qu'il sort davantage de l'eau au 0.

Nous avons parlé du peson tout à l'heure : on sait que le principe en est la compression d'un ressort. Procurez-vous un petit ressort à boudin que vous puissiez glisser dans un de ces tubes de porte-plume métalliques qu'on vend partout, et, avec un peu d'adresse, vous en pouvez fabriquer un peson, l'extrémité inférieure du ressort étant libre, et au contraire le haut du même ressort pouvant se comprimer sous les poids par l'intermédiaire d'une tige de fer dépassant par en bas le tube du porte-plume. Nous ne pouvons entrer dans les détails, la construction étant facile, mais il est de toute nécessité que l'on fixe en bas du tube une plaquette de bois sur laquelle se fera la graduation. On pourrait de même fabriquer un pèse-lettres au moyen d'un ressort de montre fixé sur un porte-plume, comme l'indique notre figure, une bande de papier collée sur le même porte-plume portant la graduation.

On pourrait encore pincer une baleine dans un petit bloc de bois par une extrémité, l'appliquer sur une planchette, *de champ*, mais de manière à ce qu'elle ne frotte point sur cette

planchette; la baleine étant horizontale, si l'on maintient la
planchette verticale et qu'on accroche un petit objet au bout
de la baleine, elle pliera en raison du poids de cet objet, et
l'on comprend que la graduation sera des plus faciles. Nous
n'insisterons pas davantage, laissant à nos lecteurs le soin
d'imaginer d'autres dispositifs qui peuvent être très nombreux
et qui ont le mérite, non seulement de faire comprendre des
principes de physique, mais encore de rendre des services
effectifs.

L'ENTONNOIR MAGIQUE

Dans la partie de la physique qu'on nomme *hydrostatique*,
et qui a pour but l'étude des fluides, des liquides, il est
deux principes, faciles à comprendre, qu'il faut toujours se
rappeler. Le premier dit qu'un corps plongé dans un liquide
perd une partie de son poids égale au poids du liquide déplacé;
cela peut s'expliquer. Si en effet nous jetons dans de l'eau un
corps quelconque ayant exactement le volume d'un centimètre
cube, il *déplacera* un centimètre cube : le liquide a une
tendance à le repousser, au moins partiellement, en exerçant
sur lui l'action du poids *d'un gramme* (qui est précisément le
poids d'un centimètre cube d'eau). Le corps dont il s'agit
perdra une partie de son poids égale à un gramme, il pèsera
un gramme de moins qu'il ne pesait hors de l'eau : c'est pour
cela que, en se baignant, on se sent tout particulièrement
léger, parce qu'en effet, on perd une partie de son poids.

Les corps flottants, les flotteurs, au terme général du mot,
subissent cette même action, mais d'une façon toute particulière. Si nous prenons un bateau, par exemple, comme il
présente beaucoup de parties creuses, qu'il a un grand volume,
il *déplace* un grand volume d'eau; ce volume est même si
grand, qu'il arrive à peser autant que le bateau, et celui-ci

devient tellement léger, qu'il flotte à peine enfoncé dans
l'eau : c'est ainsi qu'on fait des navires en acier ou en fer
qui flottent parfaitement, tandis que le même poids de métal
ou un bloc massif, déplaçant par conséquent peu d'eau,
coulerait tout de suite au fond. De même un morceau de liège
flotte admirablement : étant peu dense, peu lourd, il déplace
assez d'eau pour faire équilibre à son poids, qui est très
faible, et par conséquent il ne pèse plus rien, et flotte,
repoussé par l'eau.

Eh bien, nous voulons aujourd'hui, profitant de la circonstance pour rappeler à nos lecteurs ces curieux principes de
l'hydrostatique, leur enseigner une expérience facile et véritablement amusante, qui semble de prime abord en contradiction avec ces principes mêmes et avec d'autres lois de la physique, et qui, en réalité, ne fait que les confirmer et mettre
en lumière cette loi des densités diverses des liquides dont
nous avons déjà parlé ici même. Nous allons prendre un
entonnoir de verre, complètement ouvert, comme de coutume, à son extrémité inférieure ; nous le plongerons dans un
vase rempli de liquide : et, au lieu de s'emplir complètement,
puis de couler rapidement à fond, cet entonnoir, pourtant fait
d'une substance bien plus lourde que l'eau, pesant beaucoup
plus que le volume d'eau qu'il déplace, après s'être enfoncé en
grande partie, se mettra à flotter, rempli à demi d'eau. Si
l'on veut bien réussir et du premier coup l'expérience dont
il s'agit[1], on devra observer exactement les indications que
nous donnons. Disons d'ailleurs tout de suite qu'il n'est pas
absolument nécessaire d'avoir un entonnoir en verre, mais
que l'emploi de cet instrument rend l'expérience plus jolie,
parce qu'on peut plus facilement voir tout ce qui se passe ;
au reste, on peut aisément se faire une façon d'entonnoir en
verre en cassant le pied et l'extrémité inférieure d'une flûte à
champagne.

Nous prenons un vase droit, un bocal en verre un peu plus

1. Le principe en a été récemment donné par un de nos confrères du
Scientific American.

haut et un peu plus large que notre entonnoir, et nous y versons de l'eau pure jusqu'à ce qu'elle soit à 3 ou 4 centimètres du bord supérieur; nous plongeons alors l'entonnoir dans le liquide, de façon que le bout touche presque le fond

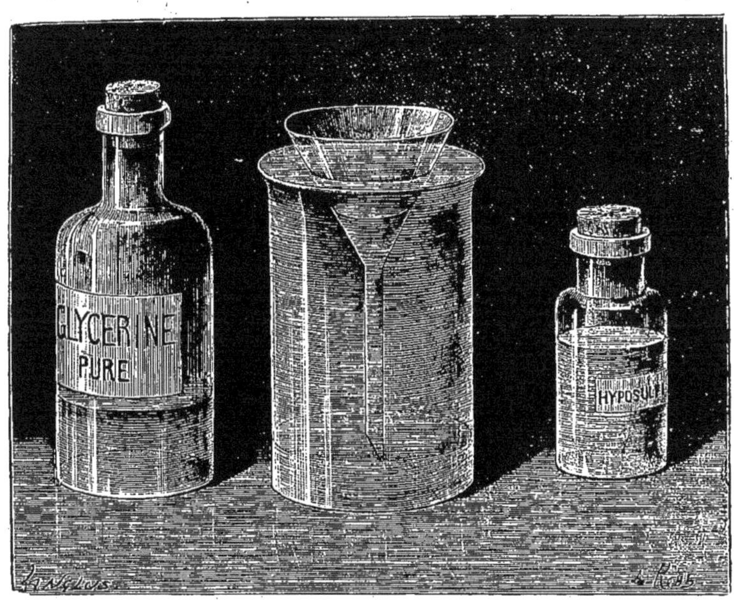

L'entonnoir magique.

du bocal. Versons maintenant de la glycérine pure, de la glycérine ordinaire dans cet entonnoir; elle coule peu à peu, assez lentement, il est vrai, et nous en versons jusqu'à ce qu'elle vienne former au fond du vase une couche uniforme, bien nettement séparée de l'eau, de 3 ou 4 centimètres de haut : à ce moment bien entendu l'eau du vase a monté jusqu'à affleurer le bord. Nous employons la glycérine, qui est en général à la disposition de tout le monde; mais nous pourrions employer un autre liquide, pourvu qu'il soit beaucoup plus dense que l'eau pure. C'est ainsi qu'on peut se servir dans ce but d'eau saturée d'hyposulfite de soude[1] :

1. La proportion voulue est d'au moins 60 grammes d'hyposulfite par verre.

aujourd'hui que tout le monde fait de la photographie, nous sommes persuadé que la plupart de nos lecteurs ont à leur disposition de cette substance, qu'il est très facile de faire fondre en grande quantité dans de l'eau. Nous pourrions signaler l'acide sulfurique dans le même but; mais cet acide est terriblement dangereux, et son emploi ne présenterait aucun avantage : il ne faut jamais s'exposer à le manier.

Après avoir établi cette couche dense au fond de notre bocal, nous retirons notre entonnoir, et l'expérience est prête.

Faisons maintenant replonger l'entonnoir dans le liquide, et abandonnons-le à lui-même. Tout d'abord nous pouvons remarquer une première chose extraordinaire : c'est que l'eau n'y monte que relativement fort peu haut : un coup d'œil sur la figure le montre bien. L'eau de l'intérieur est en contre-bas sur l'eau de l'extérieur de 3 ou 4 centimètres. Et cependant on comprend tout de suite qu'il en devrait être autrement : si l'on plonge, si l'on pose, debout dans un autre vase plein de liquide, un vase quelconque soit sans fond, soit largement percé par en bas, il est évident que l'eau, y entrant librement, y sera exactement au même niveau que dans le premier vase D'ailleurs, lors même que l'entonnoir serait placé en dehors de notre bocal, puisqu'il est en communication, par son tube inférieur, avec le fond du liquide contenu dans le bocal, le liquide y serait au même niveau que dans le grand vase : c'est là ce qu'on nomme la théorie des *vases communicants*, dont nous n'avons pas à parler ici. Voilà donc notre entonnoir magique qui nous joue un premier tour en violant une loi de physique.

Mais regardons bien, et nous allons voir quelque chose de plus étonnant. Appuyons un peu le doigt sur le haut de notre entonnoir; il s'enfonce sous la pression, mais il remonte ensuite, à la façon d'un bouchon qu'on voudrait faire entrer dans l'eau : c'est donc un flotteur; notre entonnoir de verre flotte, bien qu'ouvert par le bas. Et cependant nos lecteurs pourront faire, s'ils n'en ont eu déjà l'occasion, l'expérience qu'un entonnoir de verre plongé dans un récipient plein d'eau, s'empresse, dans les conditions ordinaires, de couler au fond. Au reste, on peut se rappeler que nous avons pris un entonnoir de la hauteur de notre bocal (ce qui n'est pas absolument nécessaire, mais ce qui est beaucoup plus facile); or le bord de l'entonnoir est très surélevé au-dessus du bord du bocal, c'est donc par conséquent que l'extrémité inférieure dudit entonnoir ne touche pas au fond du vase, ce qui prouve bien encore qu'il flotte.

Comment expliquer tout cela? C'est très simple, et le secret réside dans cette couche de glycérine ou d'hyposulfite, de liquide dense, qui se trouve au fond du vase.

En effet, au moment où nous plongeons l'entonnoir, l'eau y entre jusqu'à ce que l'extrémité du tube rencontre cette couche dense, c'est-à-dire qu'elle s'élève jusqu'à 3 ou 4 centimètres du bord du bocal. Le bas de l'entonnoir venant à se noyer dans la surface de la couche dense, l'instrument n'entre plus; c'est que l'eau ne peut plus y pénétrer : pour le faire, il faudrait qu'elle se fît un chemin à travers la glycérine jusqu'au tube ou qu'elle fît remonter la glycérine dans le tube. Or la glycérine est très lourde, très dense : c'est-à-dire qu'elle peut supporter facilement le poids de l'eau; ce poids lui est indifférent, comme à un colosse la poussée d'un nain. Il n'y a du reste aucune raison pour que cette glycérine se déplace, elle ne monte que de quelques millimètres, et dès lors elle joue exactement le rôle d'un bouchon au bas de l'entonnoir, mais d'un bouchon qu'on ne placerait qu'au moment où il y a dans l'instrument une certaine quantité d'eau. Grâce à ce dispositif, l'entonnoir déplace un grand volume d'eau, cette eau ne pouvant y pénétrer; et voilà pourquoi il flotte, d'après ce que nous avons dit au commencement. Bien entendu, si le bocal n'était plein que d'un seul liquide, glycérine, hyposulfite ou autre, il coulerait immédiatement à fond. Ajoutons que si, pendant que l'entonnoir flotte, on y verse de la glycérine, il remonte plus haut hors de l'eau parce que la couche inférieure de glycérine augmente; en sens inverse, si l'on y versait de l'eau, il coulerait, comme un bateau trop chargé, parce que l'eau ne pourrait s'échapper.

Nous avons indiqué, comme liquide à employer, l'eau et la glycérine ou l'hyposulfite; on pourrait aussi bien recourir à deux liquides quelconques ayant une très grande différence de densité, le plus lourd allant toujours au fond. Cependant l'expérience est plus étonnante avec deux liquides ayant même apparence, comme l'eau et l'hyposulfite, car les spectateurs ne croient avoir affaire qu'à de l'eau pure; et, dans ces conditions, si nous ne craignions d'empiéter sur un domaine qui n'est pas le nôtre, nous indiquerions cette curieuse application de la physique comme un tour de prestidigitation.

PROCÉDÉ POUR MÉTALLISER LES FLEURS

Pour intéresser nos lecteurs à la chimie, nous leur signalerons le procédé suivant pour recouvrir les fleurs d'un dépôt métallique.

Les fleurs sont lavées soigneusement, et on les trempe pendant quelques instants dans une dissolution concentrée d'acide gallique. On plonge ensuite les fleurs dans l'eau distillée contenant un cinquième de son poids de nitrate d'argent. L'acide gallique qui a pénétré dans les fleurs réduit le sel d'argent; le métal se précipite en adhérant fortement sur les fleurs et en conservant son brillant métallique.

On répète cette opération plusieurs fois, jusqu'à ce que les fleurs aient pris une belle teinte d'argent.

QUELQUES NOUVELLES SURPRISES
DE L'ÉQUILIBRE

Nous avons eu occasion de montrer comment un corps en équilibre est d'autant plus stable que son centre de gravité est placé plus bas et plus près de son point d'appui. Si l'on pousse les choses à l'extrême, on s'aperçoit que l'équilibre est encore bien plus parfait si le centre de gravité est placé plus bas même que ce point d'appui. Bien entendu, cela ne se présente pas naturellement; mais, à l'aide de petits subterfuges, on peut obtenir cette condition, et ce sont précisément ces subterfuges que nous voudrions expliquer, parce qu'ils permettent d'exécuter de petites expériences très curieuses, bien que très faciles, et d'une infinie variété.

Prenons, par exemple, un parapluie aussi lourd que nous pourrons en trouver, et muni d'un manche fortement recourbé, et faisons reposer l'extrémité de cette poignée sur le bout de notre doigt : tout le monde sait bien, pour l'avoir essayé sans y penser, que l'équilibre sera parfait. Le corps du parapluie s'incline jusqu'à se trouver sous notre main, si bien que le centre de gravité est reporté précisément au-dessous du point d'appui; l'équilibre est d'autant mieux assuré que le poids du parapluie est plus fort, car ce poids fait appuyer davantage la poignée sur notre doigt et l'empêche de glisser. Nous pouvons en toute sécurité faire osciller violemment le parapluie, le faire tourner autour de son point d'appui, l'équilibre est assuré. Cette remarque si simple (on ne peut point dire que ce soit là une expérience) peut permettre de se lancer dans les essais les plus audacieux, et d'obtenir en toute sûreté les équilibres qui, au premier abord, paraissent les plus impossibles. Le seul principe à observer est de faire que le centre de gravité soit, autant qu'il se peut, placé très bas.

Voulez-vous vous proposer de faire tenir une épingle en équilibre par sa tête appuyée horizontalement sur la tête ou sur la pointe d'une autre épingle, les deux épingles en prolongement l'une de l'autre ou formant ensemble comme un L? Rien de plus simple. Vous commencez par prendre un de ces gros bâtons de gomme à effacer, composés de gomme pour encre et pour crayon, enfermée dans une sorte d'étui carré en bois, ou bien un morceau de règle d'une quinzaine de centimètres de longueur, règle ou gomme étant aussi lourde que possible. Près d'une des extrémités, vous piquez une épingle solidement et *un peu obliquement* à la face du bâton que vous avez choisie; cela fait, vous n'avez plus qu'à poser la tête de cette épingle sur la pointe de celle que vous tenez à la main, et cette épingle, grâce à ce subterfuge, tiendra parfaitement en équilibre.

Bien entendu, il faut prendre des précautions si l'on veut réussir à faire tenir la première épingle en équilibre sur le tout petit bord de sa tête. Mais nos lecteurs y réussiront sans peine, en ayant soin de s'assurer par tâtonnements, par des essais successifs, qu'ils ont bien piqué cette épingle dans le bois à l'inclinaison voulue. L'explication du phénomène est celle que nous annoncions : le centre de gravité est placé très bas et en dessous du point d'appui, par suite de l'inclinaison que prend le bâton.

Rien ne sera plus facile de même que de faire tenir un crayon horizontalement s'appuyant par le bout de sa pointe sur l'extrémité de notre doigt, ou même, ce qui est plus étrange en apparence, sur la pointe d'une épingle. Pour cela, je prends un canif, ou un couteau pointu, à manche assez lourd, et je l'enfonce solidement dans le crayon, en dirigeant la pointe pour faire avec le crayon un angle de 75 à 80 degrés et en la piquant à 5 ou 6 centimètres de la pointe du crayon; tout le système repose et oscille en équilibre parfait sur une pointe d'aiguille ou d'épingle. Là aussi, je n'ai pas besoin de le dire, des tâtonnements successifs sont nécessaires, parce qu'on ne trouve jamais immédiatement l'endroit où il faut piquer le canif; mais on ne doit pas se décourager, et, avec un peu de patience, on arrive aisément à ses fins.

Varions les applications de ce même principe. Prenons un bouchon quelconque et piquons-y symétriquement, une de chaque côté, deux fourchettes ayant à peu près le même poids; nous leur donnons une inclinaison assez forte sur le bouchon, inclinaison qu'indique assez bien la figure, mais qui est surtout le résultat d'essais plus ou moins multipliés, que doivent faire dans chaque cas ceux qui veulent mener à bien quelques-unes de ces petites expériences. Enfonçons maintenant perpendiculairement une épingle dans le bas du bouchon, de façon qu'elle y tienne solidement tout en dépas-

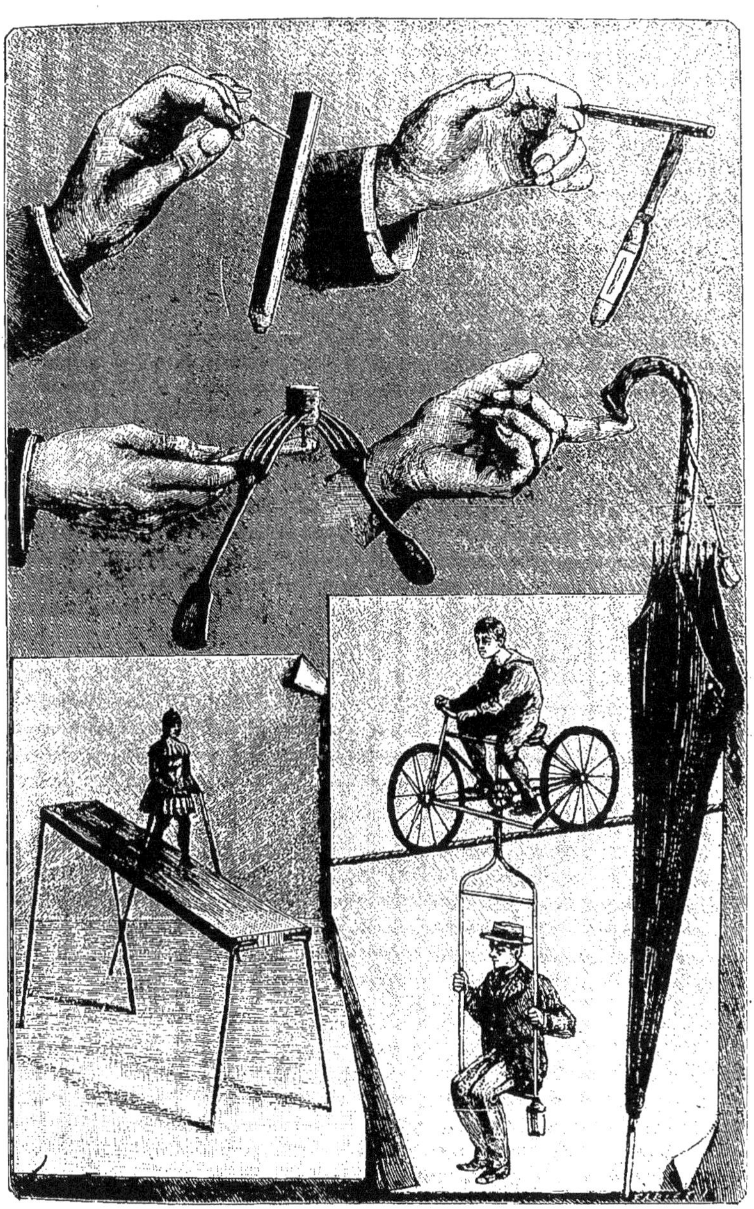

Applications variées des principes de l'équilibre.

sant de beaucoup. Il ne sera point malaisé de placer ce petit appareil de façon que la tête de l'épingle repose sur le tranchant d'un couteau, où le tout se tiendra en équilibre. En dehors des principes mêmes que nous avons expliqués sur le centre de gravité, cet équilibre s'explique très facilement. Pour peu que nous penchions le bouchon dans un sens ou dans un autre, que nous le déplacions de sa position d'équilibre, les manches de fourchette font contrepoids et le ramènent dans la position qu'il occupait.

On n'a point manqué de recourir à l'emploi des principes de l'équilibre pour un grand nombre de jouets fort amusants. Tel est, par exemple, l'équilibriste qui se tient debout sur un pied, et peut tourner dans cette position en faisant le salut dans toutes les directions : à l'aide de deux tiges de fer lestées à leur extrémité d'une balle de plomb et descendant comme de grands bras au-dessous du piédestal de l'équilibriste, le centre est, comme toujours, reporté très bas.

Il y a un autre jouet basé sur le même principe, et qui avait, il y a quelques années, un grand succès sur les boulevards de Paris à l'époque du premier de l'an : nous voulons parler d'un bonhomme en fer-blanc qui descendait debout une planche inclinée. Les jambes étaient machinées de la même manière que celles d'un autre jouet qu'on nommait le *livreur parisien*. Il se tenait debout, à la façon de l'équilibriste dont nous parlions à l'instant même, à l'aide de deux tiges de fer lestées et pendant de chaque côté de la planche : celle-ci était du reste inclinée assez fortement, et le poids des tiges et de leur lest faisait descendre le bonhomme le long de la pente. Bien plus, par suite de cette éternelle loi de l'équilibre, arrivé au bout de la planche, il ne tombait point à terre, mais restait suspendu par le talon, le nez penché en avant, l'ensemble du bonhomme et des contrepoids prenant une position analogue à celle du parapluie au bout de notre doigt.

Enfin les lois de l'équilibre bien appliquées vont nous permettre de nous promener en *toute sécurité*, monté sur une bicyclette, sur une corde raide. Tout d'abord il faut que cette corde soit bien horizontale, sinon nous ne pourrions que rester en place sans faire avancer cette machine. Nous prenons une bicyclette sans caoutchouc autour des roues, car le boudin de caoutchouc ne pourrait tenir par aucun moyen sur un câble; il faut donc que ce qu'on nomme la *jante* de la roue présente une gorge, et même plus grande que des gorges où l'on insère d'habitude le boudin en caoutchouc. Puis je fixe de chaque côté de l'instrument une tige de fer rigide, très solide et presque verticale, supportant à son extrémité inférieure un poids très lourd. Maintenant que mon vélocipède est ainsi lesté, je puis y monter sans crainte : si je réussissais à le faire pencher un peu sur la droite ou sur la gauche, il reprendrait ensuite immédiatement sa position perpendiculaire, et je n'ai plus qu'à faire mouvoir les roues comme à l'ordinaire pour circuler sans danger sur mon câble raide. A une certaine époque ce système a été employé dans un grand théâtre de Paris, où une femme traversait ainsi la scène à une assez grande hauteur; le poids inférieur, qui aurait été disgracieux, était remplacé par un homme assis sur une sorte de trapèze en fer fixé aux deux tiges des contre-poids; dans ce cas la personne du bas doit être beaucoup plus lourde que le vélocipédiste.

Nous en avons assez dit pour mettre nos lecteurs sur la voie d'expériences analogues, qu'ils pourront varier pour ainsi dire à l'infini; peut-être donnerons-nous plus tard quelques autres exemples.

LA LUNETTE MAGIQUE... ET MAGNÉTIQUE

ON trouve encore, mais assez rarement, dans les bazars, un petit jeu scientifique fort curieux, intitulé tout simplement *Allo*. Ce titre, qui ressemble à un appel téléphonique, ne dit rien par lui-même; mais le jouet, qui est inspiré de très près de petits appareils communs au xviiie siècle est fondé sur un principe de physique, et, en outre, est d'une construction très facile. C'est à ce double titre que nous voulons l'expliquer à nos lecteurs, en les mettant à même, par une description bien complète, de s'en fabriquer un identique à bien peu de frais et sans grande peine.

Ouvrez cette petite boîte en carton : elle en contient elle-même une autre, tout simplement formée d'une feuille de carton épais et de trois coulisses où glisse un couvercle en carton lui-même, et portant aussi ce mot cabalistique de quatre lettres : « Allo ». Ouvrez ce couvercle en le faisant glisser; vous apercevez 4 petites tablettes de bois portant en noir sur papier rouge (la couleur importe peu du reste) les 4 premiers chiffres de la suite naturelle des nombres, 1, 2, 3, 4. Vous pouvez les prendre ces nombres, et vous verrez qu'ils n'ont rien de préparé, que ce sont simplement des petites planchettes de hauteur et de largeur suffisantes pour remplir complètement la boîte; la boîte elle-même n'est nullement préparée.

Eh bien! maintenant je vous confie la boîte, vous allez vous mettre hors de ma vue pour composer un nombre quelconque avec ces 4 chiffres; vous refermerez le couvercle, et vous me confierez alors la boîte, et je m'engage à lire le chiffre que vous avez écrit et qu'il est impossible d'avoir surpris. Mais, pour cela, j'ai un instrument; mais un instrument bien primitif et que je peux vous confier aussi longtemps que vous le voudrez, si vous désirez l'examiner. C'est un tube de carton, fermé ou non dans le bas, un tube de 4 ou 5 centimètres de haut et de la grosseur d'un doigt environ; et cependant c'est une lunette magique qui va permettre à mon œil de percer le carton du couvercle, et de voir les chiffres tels que vous les avez placés. En effet, je promène un instant ma lunette à la surface du couvercle, je cherche à déchiffrer l'inconnu et j'y arrive effectivement : je vous annonce, par exemple, que vous aviez formé le nombre de 3241; on ouvre la boîte, et on trouve bien les 4 chiffres disposés dans cet ordre 3241.

Il ne s'agit point de prestidigitation, de tour de main,

La lunette magique et le magnétisme.

d'adresse, de boîte machinée; et tout mon secret réside dans l'instrument que j'emploie. Je vous ai montré et mis en main une soi-disant lunette qui n'est qu'un tube de carton; mais j'y ai substitué, au moment d'opérer, un autre tube de même apparence extérieure, mais portant au fond une toute petite boussole. Pour bien comprendre les services précieux que va me rendre cette boussole, il faut se rappeler les principes qui régissent l'action des aimants les uns sur les autres, c'est-à-dire se faire un petit cours de magnétisme et d'aimantation.

Quelles sont les actions réciproques des pôles de deux aimants? Nous savons que tout aimant, que ce soit une aiguille de boussole ou un petit aimant quelconque, a ce qu'on nomme deux pôles : un pôle nord qui se tourne toujours vers le nord, où à peu près, quand cette aiguille est libre de tourner dans toutes les directions, et un pôle sud qui, dans les mêmes conditions, se tourne tout naturellement vers le sud. Mais si l'on a une aiguille de boussole, d'abord librement orientée, et, par suite, indiquant le nord, et qu'on approche de son pôle nord par exemple le pôle nord d'une petite barre aimantée, il se produit une *répulsion*, c'est-à-dire que la boussole se met à tourner de façon à ce que son pôle nord s'éloigne le plus possible du pôle nord qu'on lui présente, tandis qu'au contraire ce pôle nord du barreau attire le pôle sud de l'aiguille de la boussole. Les pôles des aimants n'ont donc pas de sympathie les uns pour les autres quand ils sont de la même famille : c'est ce qu'exprime la loi de physique. « Deux pôles de même nom se repoussent, deux pôles de nom contraire s'attirent. »

Voyons de très près maintenant nos 4 chiffres, nos 4 petites plaquettes de bois (qui sont bien réellement préparées) et pour cela décollons le papier rouge qui les recouvre et qui porte l'empreinte du chiffre. Dans chacune de ces planchettes, longues de 7 centimètres environ, nous voyons, encastré dans une petite rainure, un morceau d'aiguille à coudre long de 3 centimètres et placé parallèlement aux grands côtés des petites plaquettes de bois. (Dans notre figure nous supposons du reste les aiguilles marquées en pointillé sur le bois, pour que notre lecteur se rappelle bien où elles correspondent à la surface du papier.) Mais ces morceaux d'aiguilles sont aimantés, et ils sont placés exactement comme l'indique notre figure. Comme tous les aimants, ils ont 2 pôles, un nord et un sud : dans la plaquette du chiffre 1, l'aiguille est placée précisément au milieu du morceau de bois, c'est-à-dire dans le milieu du chiffre 1, le pôle sud dirigé vers le bas et venant aboutir un peu au-dessus du milieu du 1 dans le sens vertical. De même, pour le chiffre 2, l'aiguille est disposée d'une façon tout analogue, à cela près qu'elle est tout à fait sur le côté de la planchette. Pour les chiffres 3 et 4, les positions de l'aiguille aimantée sont symétriques, mais exactement opposées : expliquons-nous plus clairement, nos figures aidant du reste grandement à comprendre cette explication. Pour le 3, l'aiguille est dans une rainure située au milieu du chiffre, et elle est *orientée* son pôle sud vers le haut, tout près par conséquent du milieu du chiffre; pour le 4, l'aiguille sera sur la gauche de la planchette, le pôle sud en haut.

On comprend tout de suite ce qui va se passer. Prenons une petite boussole, une boussole comme on en porte aux chaînes de montres : il ne la faut pas grande, sans cela elle couvrirait tout le chiffre, et les indications seraient faussées. Plaçons-la bien au centre de la planchette et du chiffre 1 par exemple; mais ayons soin auparavant *d'orienter* notre boussole, c'est-à-dire de la placer de façon que la pointe nord de l'aiguille vienne bien sur la lettre N du petit cadran; de même orientons notre plaquette de bois, de manière que les faces en soient parallèles à la ligne nord-sud de la boussole. Il en résulte tout naturellement que l'aiguille de la boussole et l'aiguille aimantée du chiffre sont parallèles et même en prolongement l'une de l'autre, puisque j'ai mis ma boussole au milieu du chiffre 1; mais leurs pôles sont dirigés en sens inverse, c'est-à-dire que le pôle sud de l'aiguille aimantée du chiffre vient regarder le pôle nord de l'aiguille de la boussole. On sait que ces 2 pôles s'attirent, par conséquent la boussole *garde sa direction naturelle*, et cela me prouve qu'elle est bien *sur le* 1. Plaçons-la maintenant bien au milieu (et nous insistons toujours sur ce point) du chiffre 2 : le pôle sud du petit barreau aimanté attire aussitôt le pôle nord de la boussole, et l'aiguille de la boussole, pour se rapprocher autant que possible du barreau, se portera le plus possible à droite, c'est-à-dire sur l'*est* : nous en concluons que nous sommes bien *sur le* 2. Pour le chiffre 3, la boussole étant placée en son milieu, on comprend tout de suite que le pôle sud du barreau va repousser son voisin et ennemi le pôle sud de la boussole, et attirer au contraire le pôle nord : quand la boussole tournera son aiguille nord *vers le sud*, nous serons *sur le chiffre* 3. Enfin *sur le chiffre* 4, le pôle sud du barreau attirera vers la gauche, c'est-à-dire *vers l'ouest*, la pointe ordinairement tournée vers le nord de la boussole.

Nous voici donc bien prêts à deviner les combinaisons de chiffres que vous formerez. Quand vous avez refermé le couvercle de la boîte et que j'y pose mon tube de carton, c'est en réalité une boussole que j'y place. Nous avons vu du reste qu'il faut placer exactement cette boussole au centre de chaque chiffre : c'est pour me le permettre qu'il y a sur le couvercle le mot « Allo »; chacune des lettres constitue un repère et correspond au chiffre qui est en dessous, et si je mets mon tube au centre même de l'**A**, par exemple, ma boussole est bien au centre du chiffre placé dessous. Posons notre tube sur *A*, l'aiguille nord de la boussole va au sud, nous sommes donc sur le 3; pour la lettre suivante elle va à l'est, nous devinons le 2; pour le second *L* elle reste immobile (notre boîte ayant été soigneusement orientée dans la direction nord-sud comme la boussole) : le 3ᵉ chiffre est donc 1. Enfin, ce que nous pourrions déjà deviner, mais ce que nous tenons à vérifier, la boussole étant au centre de l'*O*, l'aiguille nord va vers l'ouest, par conséquent le dernier chiffre de la série du nombre que vous avez formé, est 4. Ainsi donc le nombre total est deviné, c'est 3214 : ouvrons le couvercle en le faisant glisser, et nous apercevons en effet la suite des chiffres 3, 2, 1, 4.

Un conseil pour vous épargner toute déconvenue : comme nous l'avons déjà dit, il est absolument nécessaire que la boussole soit placée exactement au centre du chiffre, et, par conséquent, de la lettre du couvercle qui y correspond. Il est donc fort utile de procéder à une vérification, et, pour cela, de remettre la boussole en place au-dessus de chaque chiffre, pour voir si elle donne bien la même indication. C'est du reste à vous de faire cet examen en faisant mine de vouloir traverser de l'œil le carton du couvercle. En fait, l'examen à l'aide de la petite boussole du tube tel qu'on le vend avec le jeu, est facilité par suite d'une disposition spéciale : cette boussole ne porte plus les indications nord, est, sud, ouest, mais bien 1, 2, 3, 4, puisque, comme nous l'avons montré, ces 2 séries d'indications se correspondent au point de vue des positions que peut prendre l'aiguille de la boussole.

Tout ce que nous avons dit prouve avec quelle facilité on peut se construire ce petit appareil : il n'y a pas en réalité de forme nécessaire pour la boîte même. Il suffit qu'elle ne soit pas haute pour que le couvercle et la boussole qu'on y pose soient à peu de distance des tablettes de bois qu'on y enferme; quant à ces tablettes, elles doivent simplement être coupées de façon à ne pouvoir être placées dans la boîte que dans un sens toujours le même. Nous n'avons pas besoin de dire qu'il faut placer les aimants exactement dans la position qu'indique notre figure : pour les faire tenir dans la plaquette de bois, on fait dans celle-ci une petite rainure avec un canif. Ces aimants sont simplement des aiguilles cassées; on en trouve assez facilement de tout aimantées; sinon on les aimante soi-même en les frottant un certain temps, et toujours dans le même sens, sur le bord d'un aimant un peu fort; on reconnaît le pôle nord d'une aiguille de ce genre en voyant s'il repousse le pôle nord d'une boussole. Il est fort important (nous avons expliqué pourquoi) que le couvercle de la boîte porte des lettres dont les centres correspondent aux centres des chiffres qu'on peut placer dessous : il faut donc que les 4 plaquettes soient absolument du même format et que les chiffres y soient placés au milieu. Quant à une boussole, on trouve partout des petites boussoles de montres qui font parfaitement l'office. Nos explications ont peut-être été longues, mais nous croyons mettre nos lecteurs en mesure de se fabriquer aisément un très curieux appareil de physique.

EXPÉRIENCES INOFFENSIVES
SUR LES EXPLOSIFS

LES explosifs ne font que trop parler d'eux; quand ce n'est pas par des explosions et des catastrophes, c'est dans les guerres et les combats trop fréquents et trop meurtriers; néanmoins, il est bien peu de personnes qui connaissent exactement le mode d'action des explosifs, et ce qu'on peut nommer la théorie mécanique, physique et chimique de la déflagration de ces corps. Aussi sommes-nous convaincus que nos lecteurs accueilleront bien les quelques expériences, *tout à fait inoffensives*, sur les explosifs, que nous leur indiquerons à l'appui de la théorie simple et résumée de l'explosion. Nous n'avons pas besoin d'insister sur ce mot *inoffensif* : car, si nous voulons promener nos lecteurs à travers le domaine de la science physique et de la science chimique, et leur mettre aussi souvent que possible la main aux manipulations et aux expériences caractéristiques, nous ne consentirions jamais à les exposer à la moindre chance de danger.

Les explosifs sont des substances qui ont cette spécialité, en s'enflammant sous une influence quelconque, de produire des gaz en quantité considérable; ces gaz occupent tout à coup un volume énorme, repoussent l'air environnant, et c'est le choc même de ces gaz sur l'atmosphère qui produit la détonation. Le résultat direct des explosions est un terrible ébranlement de l'atmosphère, ébranlement qui se fait sentir à une grande distance. Lorsque, par exemple, on tire le canon *à blanc*, c'est-à-dire sans projectile, pour les grandes fêtes, si vous êtes en face et à plusieurs centaines de mètres de la gueule des canons, vous sentez parfaitement le courant d'air que la détonation produit. C'est encore la production et l'expansion des gaz qui chassent le projectile hors du canon ou du fusil; et les gaz, après avoir travaillé à repousser le projectile, viennent, en sortant de l'arme, repousser l'air extérieur.

Lorsque vous voyez, dans un feu d'artifice, une fusée allumée s'élancer dans le ciel, c'est que la poudre, brûlant, émet des gaz qui viennent pousser l'air; comme l'air résiste, c'est la fusée qui est repoussée par le gaz en sens inverse de la direction où sortent ce qu'on nomme les produits de la combustion, autrement dit les gaz de la poudre brûlant. Dans un canon même la force d'expansion de ces gaz s'exerce dans deux sens opposés, chassant le projectile en même temps qu'elle produit le *recul* du canon. On a voulu construire des voitures mises en mouvement d'après le même principe que la fusée : il y a sous ces voitures un récipient métallique rempli d'une poudre quelconque; un trou laisse sortir les gaz, qui, en sortant, repoussent et par conséquent font avancer la voiture.

Si l'explosif qui détone est enfermé dans une boîte quelconque, les gaz engendrés brusquement brisent cette boîte, et en lancent des éclats dans toutes les directions; ils continuent ensuite leurs ravages, mettant en pièces ce qui se trouve sur leur passage, projetant des débris de toute sorte dans tous les sens. Mais, par suite même de cette expansion violente, de cette compression brusque de l'air, les explosions font les plus terribles dégâts sans aucune projection de corps : ce courant d'air, qui arrive soudainement, comprime toutes les surfaces environnantes, brise les vitres, défonce les murs. Mais, après avoir comprimé, les gaz se retirent sur eux-mêmes, se condensent, et il se produit une aspiration tout de suite après l'explosion. Supposons un explosif venant à s'enflammer dans une chambre, par exemple : les gaz commencent par avoir une tendance à repousser les portes en dehors de la pièce; si celles-ci s'ouvrent en dedans, il peut se faire qu'elles résistent; mais au moment de la condensation des gaz, au moment où l'air va reprendre la place dont les gaz l'ont chassé, il y a aspiration vers l'intérieur de la pièce..., et les portes s'ouvrent ou s'effondrent vers le centre de l'explosion.

Tout cela, c'est la théorie, qu'on apprend parfois à vérifier à ses dépens; mais nous avons promis des expériences inoffensives, et nous allons tenir notre promesse.

Nous pourrions indiquer l'emploi des amorces au fulminate de mercure, de ces amorces que l'on ne craint point de mettre entre les mains de tous les enfants; mais, en réalité, le fulminate de mercure est un explosif très puissant et très dangereux, nous n'en voudrions comme exemple que l'explosion épouvantable qui se produisit, il y a quelques années, à Paris, dans une fabrique d'amorces de cette espèce. Et cependant, quel est l'enfant qui n'en a point dans sa poche, qui n'en a pas chargé quelque petit canon et n'a pas vu ledit canon reculer sous l'explosion, sans se rendre compte que ce recul est dû aux gaz de la combustion?

Mais, plus simplement, prenons une boîte de ces allumettes dites *suédoises* qui s'allument en faisant comme une toute petite détonation : sans doute brûlent-elles cruellement quand on n'y prend pas garde, mais on peut en somme les manier sans danger. Plaçons-en une au-dessus de la lumière d'une de ces petites lampes veilleuses qui sont si communes aujourd'hui. L'explosif (car c'en est un véritable) qui se trouve au bout de l'allumette s'allume mieux par friction sur un enduit spécial ou sur du papier glacé qu'au-dessus d'une flamme; néanmoins le voilà qui détone (si l'on peut employer ce grand mot pour une si petite chose). Immédiatement il se produit une quantité de gaz relativement assez grande; ils chassent un courant d'air violent dans le verre, dans la cheminée de la lampe..., et en éteignent net la lumière vacillante · il est presque impossible d'enflammer une allumette suédoise à une de ces petites lampes sans l'éteindre. Première preuve de l'expansion des gaz et de la compression qu'ils exercent. Prenons une lampe plus grosse : la lumière résistera au phénomène de la compression, elle se contentera de

Expériences sur les explosifs.

baisser brusquement et beaucoup; puis, comme nous le disions tout à l'heure, il se produit un phénomène d'aspiration en haut du verre; et, en effet, nous voyons la lampe *filer* tout de suite après, c'est-à-dire que la lumière monte soudain très haut dans le verre.

C'est là une première constatation très facile et très concluante. Prenons maintenant un certain nombre d'allumettes, et plaçons-les parallèlement sur le côté de la boîte placée elle-même sur une table et sur le flanc; mettons ces allumettes à 5 ou 6 millimètres les unes des autres perpendiculairement à la boîte, puis enflammons la première en y portant le feu sur le côté. Elle fait explosion, et les gaz, trouvant de la résistance dans l'air environnant, la chassent sur le côté, lui font décrire une portion de cercle vers l'allumette voisine. Mais cette explosion enflamme la voisine, en même temps qu'elle la repousse vers la troisième; cette deuxième, projetée sur sa voisine, l'enflamme à son tour en la faisant tourner et le mouvement se continue jusqu'à la fin de la série. C'est un spectacle véritablement curieux, qui a le grand mérite de montrer le dégagement des gaz et leur action.

On sait que les explosifs s'emploient constamment dans les mines, dans les carrières, dans les chantiers de toute sorte pour faire sauter des quartiers de roche, des obstacles de toute espèce · nous allons nous donner l'illusion d'une de ces opérations. Taillons dans un crayon deux ou trois petits copeaux de bois et posons-les sur l'extrémité d'une allumette suédoise, au-dessus de la substance explosive, de même que dans les mines on pose l'explosif sous le rocher à soulever; puis mettons le feu au bout de notre allumette (et sans déplacer nos copeaux), à l'aide d'un petit tortillon très mince de papier. Immédiatement l'explosion se produit, les copeaux sont rejetés par les gaz soit en côté, soit en l'air, pas très haut, il est vrai, et nous sommes édifiés sur le mode d'action d'une mine.

Disons du reste avant de finir, que les explosifs sans fumée sont les plus puissants : s'ils ne produisent pas de fumée, c'est qu'ils brûlent complètement, et, par suite, produisent beaucoup plus de gaz; au contraire, la poudre ordinaire, par exemple, brûle imparfaitement : il en reste des éléments, des grains noirs qui vous sautent à la figure quand vous regardez de trop près cette poudre en combustion. Et c'est pour cela que nos allumettes sont particulièrement intéressantes, puisque l'explosif dont elles sont munies brûle complètement et sans fumée.

UN MOYEN DE VOIR LES OBJETS PLACÉS DANS L'OBSCURITÉ

LE moyen de voir les objets ainsi placés, c'est évidemment de les éclairer, mais alors la lumière ordinaire trahit forcément sa présence : M. d'Infreville, l'inventeur du procédé, recourt à la *lumière obscure*. Expliquons ces deux mots, qui semblent constituer une formidable antinomie. On sait que, quand on réfracte un rayon de soleil, on trouve sur l'écran de projection les différents rayons du spectre composant la *lumière* blanche : violet, indigo, bleu, vert, jaune, orangé, rouge; mais en dehors de ceux qu'on voit, il y a d'autres rayons invisibles aux deux extrémités de la série, les rayons ultra-violets et les rayons ultra-rouges. C'est encore de la lumière, mais de la lumière obscure, que ne peuvent percevoir nos yeux. Nous pourrons donc projeter un faisceau de radiations violettes, par exemple, sur un objet plongé dans l'ombre, sans que personne (ni même nous) s'aperçoive de cet éclairement tout relatif.

Il s'agira ensuite d'interposer entre l'objet ainsi éclairé (?) et notre œil un instrument qui rende visibles ces radiations ultra-violettes : on les observera avec une lunette, une lentille appropriée.

Pour projeter les rayons ultra-violets, on emploie une

lampe électrique, dont la lumière est décomposée par un prisme, et on n'emprunte à la lumière décomposée que les radiations ultra-violettes, qu'on lance sur l'objet à observer. On dispose ensuite une lentille de quartz qui réfracte ces rayons violets et renvoie l'image obscure qu'ils fournissent sur une lame de verre mince enduite d'une substance fluorescente qui se met à briller.

Les rayons et l'image naturellement invisibles pour notre œil devenant phosphorescents : rien n'est plus simple que d'apercevoir l'image phosphorescente d'un objet qui reste cependant pour tous les autres complètement dans l'obscurité.

L'expérience est vraiment intéressante au point de vue scientifique, d'autant qu'elle se rattache quelque peu à toutes ces questions de radiations dont on parle tant à l'heure actuelle : elle serait certainement utile en matière militaire; elle constitue d'autre part une démonstration curieuse pour les cours de physique, et elle peut en même temps donner lieu à des mystifications, à des tours de prestidigitation.

On pourrait même parfois abuser de cette faculté de voir à la façon des chats, et M. d'Infreville, en faisant connaître son procédé, a cru bon de donner un moyen de constater si un indiscret lance sur un objet ou une personne ces dangereux rayons ultra-violets. Il suffit de placer près de l'objet ou de la personne une solution de sulfate de quinine ou un morceau de verre d'urane : si on voit ces substances devenir fluorescentes, cela prévient d'une façon certaine qu'on projette sur elles des radiations obscures.

LES ILLUSIONS DES SENS

L'APPRÉCIATION DES GRANDEURS
ET LES ERREURS DE L'ŒIL

On l'a dit maintes fois et nous avons eu nous-même l'occasion de le répéter ici, nos sens nous trompent constamment, et le sens de la vue en particulier est peut-être celui qui se laisse le plus facilement induire en erreur. Les exemples de ces erreurs sont très fréquents, et ils sont fort intéressants à signaler : c'est en effet très curieux, très amusant, de nous apercevoir que nous voyons absolument faux, tandis que nous sommes persuadés de ne voir que ce qui existe bien réellement. En outre la démonstration de ces méprises et de ces illusions est très instructive : cela nous apprend à nous défier un peu de nous-mêmes et à redouter les jugements précipités.

Les illusions d'optique, les erreurs de l'œil, celle dont nous voulons parler cette fois, sont tellement nombreuses, qu'on ne peut vraiment pas songer à les énumérer toutes; mais nous voulons en donner pour l'instant quelques-unes des plus caractéristiques, quitte à revenir plus tard sur d'autres exemples intéressants.

Prenons d'abord un cas bien simple. Traçons une ligne droite A B, que nous partageons par un point C en deux parties exactement égales; nous laissons telle quelle la portion de ligne A C; au contraire nous partageons la portion C B en un grand nombre de petites sections, à l'aide de petites lignes perpendiculaires que nous traçons à côté les unes des autres. Présentons maintenant la figure à une personne non prévenue, et l'on peut dire que toujours, si nous lui demandons si les lignes sont de même longueur, elle nous répondra que la ligne C B est bien plus longue que la ligne A C. Le phénomène est aisé à constater, et, pour celui-ci du moins, on peut trouver une explication assez facile. Une dimension divisée paraît plus considérable que si elle n'était pas divisée : en effet, en voyant une ligne partagée en un grand nombre de sections, notre œil ou notre esprit, ou les deux, se font instinctivement ce raisonnement (sans que nous nous en rendions compte) : « du moment que cette ligne est susceptible d'un si grand nombre de subdivisions, c'est donc qu'elle est bien grande ». Au contraire, dans la longueur non partagée, nous n'avons pas forcément la notion de la possibilité d'un aussi grand nombre de subdivisions, et l'œil parcourt plus rapidement cette ligne où rien ne l'arrête. C'est exactement, à un autre point de vue, ce qui se passe en matière de sensations et d'appréciation du temps écoulé : il est bien établi qu'une journée nous paraît d'autant plus longue dans nos souvenirs qu'elle a été mieux remplie, autrement dit que nous y avons eu plus d'occupations, précisément parce que nous en gardons un plus grand nombre de souvenirs. Pour en revenir à notre exemple de tout à l'heure, une ligne plus courte qu'une autre, si elle est très divisée, paraîtra pourtant plus longue que la seconde.

Prenons un deuxième exemple aussi curieux, et dérivant du premier. Nous traçons, comme l'indique notre figure, une série de lignes horizontales parallèles de même longueur, assez rapprochées les unes des autres et disposées de façon à former par leur réunion un carré parfait. Présentez cette figure à une personne même habituée à prendre des mesures, et elle la trouvera toujours plus haute que large, et elle sera tout étonnée, quand vous lui prouverez, décimètre en main, qu'elle a devant les yeux un carré parfait. Son erreur s'explique : la ligne A C n'est pas divisée, au contraire la ligne A B, formée par les extrémités des parallèles, est partagée en un grand nombre de parties, et par suite paraît plus longue que A C. Renversons cette première figure et transformons-la pour en faire la figure E F G H, composée d'une série de lignes perpendiculaires de même longueur et formant par leur ensemble un carré parfait. On trouvera toujours à première vue que cette figure est plus large que haute, tout simplement parce que la ligne horizon-

Les erreurs de l'œil dans l'appréciation des grandeurs.

tale F G est divisée, tandis que la verticale F E ne l'est
pas.

Voici une illusion d'optique d'observation courante. Vous
connaissez deux personnes de même taille exactement; mais
l'une de ces personnes est grasse et grosse, l'autre est maigre
Votre œil vous fera certainement trouver la personne grosse
moins grande, et de beaucoup, que la personne maigre. D'une
façon générale, plus un corps ou un objet est large, moins il
paraît haut : c'est pour cela, par exemple, que le palais de
Versailles, bien que présentant en réalité une hauteur assez
grande, paraît bas et écrasé, par suite de son immense
étendue en largeur. Toujours illusion des sens.

Il y a une expérience très connue et qui met bien en évidence les erreurs d'appréciation des grandeurs. Mettez sur
votre tête un chapeau à haute forme, placez-vous à quelques
pas d'une personne, et priez-la d'indiquer, le long du pied
d'une chaise ou d'une table, la hauteur à laquelle monterait
ce chapeau si on le déposait à terre. Votre auditeur indi-
quera généralement un point qui correspond à une hauteur
de 30 à 40 centimètres : or mesurez un chapeau haute-forme,
et vous verrez que sa hauteur ne dépasse point 17 ou 18 centimètres. C'est qu'un chapeau de cette espèce, étant sur la
tête d'un homme en général assez grand par lui-même, vient
ajouter encore à cette taille; il nous faut réellement lever les
yeux pour en voir la partie supérieure, et c'est pour cela
qu'il nous semble d'une hauteur presque démesurée.

Examinez bien maintenant les deux figures principales que
contient la gravure accompagnant cet article; les dessins
qui sont à l'intérieur de ces deux espèces de quadrilatères
n'ont aucune importance : ce qui en a, c'est la disposition
des contours mêmes de ces quadrilatères et leur position relative. Regardez-les bien et dites-moi lequel des deux est le
plus grand. Malgré tout ce que je vous ai dit, en dépit de
toutes ces indications qui devraient vous apprendre à vous
défier de vos yeux, sans hésitation aucune, vous m'affirmerez
que le quadrilatère inférieur est bien plus grand que celui
d'en haut; et moi-même qui écris ces lignes en les ayant tous

les deux sous les yeux, j'ai une tendance à me laisser aller
à cette même illusion. Pour vous convaincre, je dirais
presque pour *nous* convaincre, découpez ou décalquez, si
vous le préférez, le quadrilatère supérieur, et vous pourrez
constater que, non seulement il n'est pas de beaucoup plus
petit que l'autre, mais qu'il ne l'est pas du tout, autrement dit
que les deux figures sont absolument *identiques*. Vous con-
viendrez que l'erreur est vraiment par trop forte ; s'explique-
t-elle? Oui, en partie du moins. Remarquez que le quadrilatère supérieur est placé obliquement par rapport au
quadrilatère inférieur, de sorte que son côté gauche est en
prolongement du côté semblable du second quadrilatère. Dans
cette position l'œil se dit (si tant est que l'œil se dise quelque
chose) : « Les côtés gauches sont une même ligne; or le côté
droit du premier est en retrait, en reculement sur le côté
droit du second; c'est par conséquent que le premier est
moins allongé que le second ». Ajoutons que, pour comble
d'illusion, la figure supérieure paraît plus massive, plus
large que la figure inférieure, suivant le principe que
nous indiquions tout à l'heure, parce qu'elle paraît moins
allongée.

Nous reviendrons plus tard sur d'autres illusions de cette
nature.

<div style="text-align:center">~~~~~~~~~~~~~~~~~~~</div>

LA PERSISTANCE DES IMPRESSIONS
ET LA PIÈCE FACÉTIEUSE

Un des phénomènes les plus curieux auxquels nous soyons
soumis dans nos rapports avec le monde extérieur,
c'est certainement ce qu'on nomme la « persistance des
impressions ». Si, à un moment donné, nous sommes soumis
à une sensation que nous cause un objet touché par nous ou
qui nous touche, ou bien que nous voyons (ce qui est

encore une façon de le toucher, mais avec les yeux), nous continuons de percevoir encore cette sensation, quand cependant l'objet que nous touchions, ou que nous voyions, n'est plus entre nos mains, sous nos doigts ou devant nos yeux.

Il y a un exemple de persistance d'impression qu'on peut facilement se donner à soi-même (il s'agit d'impression lumineuse), et qui est connu sans doute de la plupart de mes lecteurs. Prenez un charbon ardent ou une allumette éteinte, mais encore incandescente, et faites-la tourner rapidement en décrivant un cercle. Si vous donnez un mouvement assez rapide à votre main, vous aurez absolument l'impression d'un cercle de feu fermé, et cela tout simplement parce que vous avez encore l'impression de la lumière, du point lumineux, là où l'allumette n'est plus depuis un instant. Il arrive donc un moment, quand la vitesse est assez grande, où vous avez l'impression d'une série ininterrompue de points lumineux qui forment en somme un cercle de feu.

Il est facile de trouver des exemples variés de persistance d'impressions lumineuses, et, pour cela, il suffit de considérer des objets animés d'un mouvement très rapide, mais des objets éclairés d'une façon intense. Regardez une roue de voiture tournant rapidement, et vous verrez les rayons sembler se rapprocher tellement les uns des autres qu'ils paraîtront former une surface continue, parce que vous garderez dans l'œil l'impression des rayons que vous voyez passer successivement. D'un autre côté, regardez un objet quelconque par une petite ouverture . s'il vient à quelqu'un l'idée de mettre la main devant cette ouverture, vous ne verrez plus rien ; mais si cette personne gênante agite la main de bas en haut, autrement dit ne fait que passer la main *très rapidement* devant l'ouverture, vous verrez l'objet à peu près nettement. C'est que, pendant que la main a passé entre l'objet et votre œil, vous conservez l'impression de l'objet que vous regardiez, et vous ne la perdez pas avant que l'objet lui-même retombe réellement sous vos yeux et vous donne une nouvelle impression ; par conséquent, la sensation n'est pas discontinue, et il vous semble voir constamment l'objet en question.

Applications variées de la persistance des impressions.

Ce sont là des faits d'observation très simple, qui sont très intéressants néanmoins. Nous pourrions trouver une foule d'autres exemples; mais nous laisserons ce soin à nos lecteurs, et nous n'en citerons plus qu'un. Cherchez une clôture en bois comme on en pose souvent dans les maisons en construction, une clôture faite de planches laissant un léger intervalle entre elles. Si vous mettez l'œil à l'un de ces intervalles, vous apercevez ce qui se passe derrière; mais marchez lentement devant la barrière, vous ne verrez plus rien ou à peu près. Au contraire suivez très vite cette barrière en regardant fixement les planches, et vous serez tout étonné d'apercevoir très nettement ce qui se passe derrière la clôture : c'est que votre œil subit une impression en passant devant chaque fente, ces impressions persistent un certain temps, se réunissent et forment une impression continue, comme si l'œil restait constamment appliqué à la même fente.

Et la persistance ne se manifeste pas seulement pour les impressions lumineuses, mais aussi pour les impressions tactiles. Tout récemment, je me suis laissé tromper quelques instants par une persistance d'impression assez curieuse : je venais de porter assez longtemps, et dans une position peu commode, une boîte assez lourde, aux arêtes vives; je tenais cette boîte dans la main, en serrant assez fort, de telle façon qu'une arête portait précisément sur la dernière phalange du médius. Le poids et le coupant causaient donc une impression très vive, dont je ne me rendais compte que vaguement. A un moment donné, je change le fardeau de main, et je porte rapidement la main fatiguée à mon chapeau pour le renfoncer; c'était un des horribles couvre-chefs qu'on nomme à *haute forme*. Tout naturellement ma main s'appuie sur le fond, ou plus exactement sur l'arête que forme le fond avec les parois latérales, et la partie de mon médius qui vient s'appliquer sur cette arête est justement celle qui portait tout à l'heure sur l'arête de la boîte. Quel n'est pas mon étonnement en sentant tout à coup sous mon doigt une bosse à cet endroit du fond de mon chapeau : plein de sollicitude, je l'ôte, m'attendant à constater le résultat d'un choc sérieux. Je ne vois rien du tout. Mais voici que la lumière se fait pour moi, comme elle se fait pour vous sans doute en ce moment, et l'explication la voici.

La dernière phalange de mon médius a reçu l'impression d'une arête s'enfonçant violemment dans sa chair, et cette impression, il la conserve; et, tandis que les autres doigts ne sentent que l'arête même du chapeau, mon médius, lui, sent ou croit sentir une arête beaucoup plus haute, puisqu'il croit la sentir peser lourdement sur lui.

Mais arrivons à cette pièce facétieuse, que mon titre vous annonce, dont je ne vous ai pas encore parlé, et qui va vous donner un dernier exemple d'impression persistante. Prenez un verre d'eau contenant de l'eau bien fraîche et une pièce de 50 centimes; baignez votre pièce dans l'eau, posez la sur votre front, où elle tiendra par adhérence, et montrez bien avec quelle facilité, moyennant un simple plissement du front, vous la faites tomber dans le verre d'eau que vous tenez à toucher votre figure. Et maintenant défiez un quelconque de vos auditeurs d'en faire autant, si simple que cela paraisse. Voici une personne de bonne volonté; vous allez la soumettre à l'expérience, mais il faut que tous les spectateurs gardent un silence absolu. Retirez la pièce mouillée, et posez-la au milieu du front du patient, mais en appuyant beaucoup, autant que vous le pourrez sans faire mal, et, pour justifier cette façon de faire, vous pourrez dire que c'est pour que la pièce s'encastre dans la peau. Alors retirez la main, mais, en même temps, retirez brusquement la pièce, sans que le patient puisse s'en apercevoir, et maintenant dites-lui de froncer le front tant qu'il le voudra, que vous le défiez de faire tomber la pièce dans le verre, à condition bien entendu qu'il ne porte point la main à son front. Alors vous assistez au spectacle le plus drôle qu'on puisse imaginer : le malheureux fronce le front, fronce les sourcils, fait mille grimaces et mille contractions, mais inutilement, comme de juste. Si les spectateurs peuvent retenir leurs rires, si vous avez tous votre sérieux, votre victime peut se livrer un certain temps à cette gymnastique, jusqu'au moment où, de guerre lasse, elle se décide à enlever la pièce avec la main... et ne trouve rien, à sa grande stupéfaction. Et cependant elle était persuadée d'avoir la pièce collée sur le front, elle la sentait, l'impression lui en était restée, d'autant que le froid de l'eau avait accentué l'impression première, et que les impressions persistent d'autant plus qu'elles sont plus intenses dans le principe.

Et voilà comment, en jouant un mauvais tour à quelqu'un, on peut démontrer une loi de la physiologie.

ÉVOCATION D'IMAGES

LES Américains ont mis dernièrement à la mode un nouveau jeu d'*évocation d'images* ou d'hallucinations provoquées par un moyen très simple et vraiment curieux. On sait que la concentration de l'attention sur un même point amène assez facilement l'hypnose, et d'une façon plus simple, mais qui est en somme un phénomène connexe, tout le monde a pu voir se former devant ses yeux des images étranges, des animaux fantastiques, des constructions dans le jeu des flammes du foyer ou dans les ornements d'une tapisserie.

Or, placez devant vos yeux sur une table une de ces boules en verre plein dont on fait des presse-papier; isolée sur son petit piédestal en bois, elle est transparente, sans aucune figure à la surface ni à l'intérieur Si vous la regardez bien fixement pendant quelques minutes, bientôt vous voyez des images assez confuses se présenter à la surface du verre, elles se précisent peu à peu et vous y trouvez enfin des dessins, des tableaux, des figures que vous apercevez bien nettement. Bien entendu la boule, qui reflète seulement quelque peu les objets environnants, sans aucune précision dans les contours, n est qu'une occasion pour que l'imagination se laisse aller à ses fantaisies : tout comme dans un rêve, le sujet perd le sentiment de la réalité en concentrant son attention, et cela laisse le champ libre aux images vagues qui flottent constamment, qui dorment en nous. On conviendra que c'est là une expérience de psychologie à la fois bien simple et bien curieuse.

LA BOULE ÉLECTRIQUE

Il n'est aucun de nos lecteurs qui n'ait aperçu parfois une boule métallique creuse se balançant en haut d'un jet d'eau ; cela se présente constamment dans les tirs des foires et fêtes patronales, sous la forme d'une coquille d'œuf vide que les tireurs doivent essayer de briser et d'abattre pendant qu'elle monte et descend, le plus souvent d'une façon tout inopinée. Ce qui soutient ainsi cette boule et cette coquille en l'air, c'est précisément la force du jet d'eau. Lorsqu'on la place sur le jet et bien au milieu du tuyau d'arrivée de l'eau, celle-ci la soulève brusquement et l'enlève jusqu'à une certaine hauteur ; mais il arrive un moment où, par suite de son propre poids, de l'attraction vers la terre, des frottements au milieu de l'air qui l'entoure et qu'elle doit traverser, cette eau perd une grande partie de son énergie, et elle ne peut plus que soutenir la boule à une hauteur donnée, sans l'élever davantage. A cette instant cette boule repose en haut de la colonne d'eau, en oscillant quelque peu : elle y repose comme sur une coupe, parce que le jet d'eau, après l'avoir frappée par en dessous, tend à s'épanouir tout autour d'elle, en formant comme une couronne. Bien entendu, si ce jet vient à diminuer de force, la boule étant moins poussée retombe d'une certaine hauteur ; puis elle remonte d'autant si le jet reprend sa force primitive, et c'est ce qui fait que, dans les tirs dont nous parlions tout à l'heure, il est assez difficile de viser sur la coquille d'œuf, toujours en mouvement.

Nous avons dit tout à l'heure qu'il faut placer la boule tout à fait au milieu du trou d'arrivée de l'eau : cela se comprend aisément. Si, en effet, on la place un peu sur le côté, l'eau, passant en plus grande quantité d'un côté que de l'autre, exercera par conséquent plus de force d'un côté, et, au lieu de soulever la boule d'aplomb, la poussera latéralement hors de la colonne d'eau et la jettera à terre. On peut grandement s'instruire en regardant fonctionner un jet d'eau portant ainsi une boule, et faire des observations très curieuses. Ces observations sont, du reste, utilisées en mécanique, où les boules métalliques sont employées comme obturateurs, comme robinets automatiques sous l'influence d'un jet d'eau qui les pousse.

Malheureusement, il n'est pas loisible à tout le monde de disposer d'un jet d'eau pour y faire des expériences de ce genre; mais il est naturel de penser que ce qui se passe sous l'influence d'un courant d'eau doit se passer de même pour un jet d'air. Nous allons pouvoir aisément nous en assurer. Prenons un tube en fer-blanc, et recourbons-le à angle droit, en forme de pipe; ou du moins, pour que l'air passe plus facilement dans ce tube, faisons-le couper en deux parties inégales par le premier ferblantier venu, et faisons souder à angle droit les deux parties. Et maintenant procurons-nous un morceau de moelle de sureau, bien homogène, que nous taillerons aussi rond que possible. Cette condition est importante, parce que nous le plaçons sur l'extrémité de la portion perpendiculaire et la plus courte de notre tube supposé bien rond, et qu'ainsi la petite boule obtenue va se trouver bien au milieu du jet d'air sortant du tube.

En effet, soufflons par l'autre extrémité du tuyau, pendant que nous maintenons le tube sur lequel repose la boule dans une position bien perpendiculaire : cette boule se trouve enlevée par le courant d'air. Mais soufflons assez énergiquement, car autrement elle serait prise d'une sorte de tremblement, d'oscillations qui la feraient tourner sur elle-même en frappant le bord du tube, et elle tomberait finalement à terre. Si nous soufflons fort et subitement, et que nous ayons en outre pris la précaution préalable de nous assurer une bonne provision d'air dans les poumons à l'aide d'une aspiration profonde, nous voyons alors notre petite boule s'élever sur la colonne d'air jusqu'à douze, quinze centimètres, suivant la force de notre souffle, remontant, descendant, de la même façon que la coquille d'œuf des tirs, et suivant que nous poussons l'air plus ou moins vigoureusement. Il faut du reste chasser l'air assez régulièrement, autrement on pourrait la priver d'appui tout à coup et la faire tomber. Aussi bien c'est la catastrophe qui se produit toujours inévitablement, quand nos poumons sont vides : alors la boule retombe perpendiculairement, et, si le petit tube est bien demeuré perpendiculaire, elle en frappe le bord.

Cette petite expérience, curieuse et très pittoresque, a donné l'idée de deux petits jouets fort simples. Sur le premier nous insisterons assez peu; notre figure le fait assez bien comprendre au premier abord. L'organe essentiel en est un petit tube replié à angle droit, comme celui que nous employions tout à l'heure; au lieu d'une petite boule ordinaire en moelle de sureau, on place sur l'ouverture du petit tube une boule de même matière, mais transpercée d'une tige de fer, toute droite en bas, mais en haut se recourbant pour former un petit crochet. La partie droite a pour but d'empêcher la boule de tomber quand on la pose à l'ouverture du tube, nous allons voir à quoi sert le crochet. On voit sur la figure que le tuyau recourbé porte un petit plateau sur lequel tombe la boule si elle vient à s'échapper de la colonne d'air; sur ce plateau est fichée une petite potence en bois ou en fil de fer, et à cette potence une petite corde, ou du moins une petite boucle de fil. Si nous soufflons quand la boule est posée sur l'ouverture du tuyau perpendiculaire, elle s'élève en l'air, et il s'agit de la conduire, à l'aide du souffle, un peu plus haut que la boucle de fil, de façon que, en retombant, elle s'accroche par son crochet dans cette boucle. C'est, en somme, un jeu d'adresse fort amusant.

Le second appareil est également indiqué sur la figure qui accompagne ces lignes : nous retrouvons encore notre tuyau

coudé, mais cette fois il porte un fil de fer affectant la forme
d'un E, avec trois traverses de même longueur, il est vrai. A
la traverse supérieure, nous voyons en outre une petite tige
de fer suspendue · elle est toute droite et ne porte aucun
crochet. Voici maintenant la petite boule : sa légèreté et sa
consistance nous disent qu'elle est en moelle de sureau ; elle
est dorée, sans doute pour le plaisir des yeux, avec quelques
points plus brillants. Remarquons en outre que la traverse
médiane de l'E en fil de fer se termine par un cercle, en fil
de fer également, situé exactement au-dessus de l'ouverture
du tube, et d'un diamètre un peu supérieur à celui de la boule.

   Posons cette boule sur l'extrémité perpendiculaire du tuyau,
en maintenant tout le système bien vertical ; et soufflons
énergiquement, comme nous l'avons indiqué plus haut. La
boule s'élève, elle passe au travers du petit cercle en fil de fer,
et, si le jet d'air est suffisamment intense, elle peut s'y cogner
un peu sans que cela nuise en rien. Soufflons toujours, elle
monte, monte encore, et arrive à se frapper à la tige mobile
suspendue à la barre supérieure de l'E : bien entendu cela ne
produit que si l'appareil est bien maintenu vertical, et si nous
avons la main assez sûre pour ne pas imprimer trop de tremblement à la petite tige suspendue, qui oscillerait un peu dans
tous les sens. Puis, tout à coup, cessons de souffler et nous
serons absolument surpris de voir notre boule rester suspendue, tremblotante, à cette tige de fil de fer. Il n'y a pourtant pas de crochet ; mais le miracle s'explique aisément.
Examinons de près notre boule, nous verrons qu'elle est
piquée de plusieurs petits clous dont les têtes forment, à la
surface de la petite sphère, des points très brillants. — Quant
à la petite tige de fer, elle est aimantée, et quand un des
petits clous de la boule se présente à son extrémité, elle
l'attire et maintient ainsi en l'air le petit morceau de liège,
dont la légèreté est très grande. D'ailleurs l'expérience ne
réussit pas toujours, si la boule se présente de telle façon,
qu'aucun clou ne vienne en contact de la tige aimantée ; mais
c'est précisément ce qui fait l'intérêt de ce jouet. Il y faut de
l'adresse et un souffle prolongé.

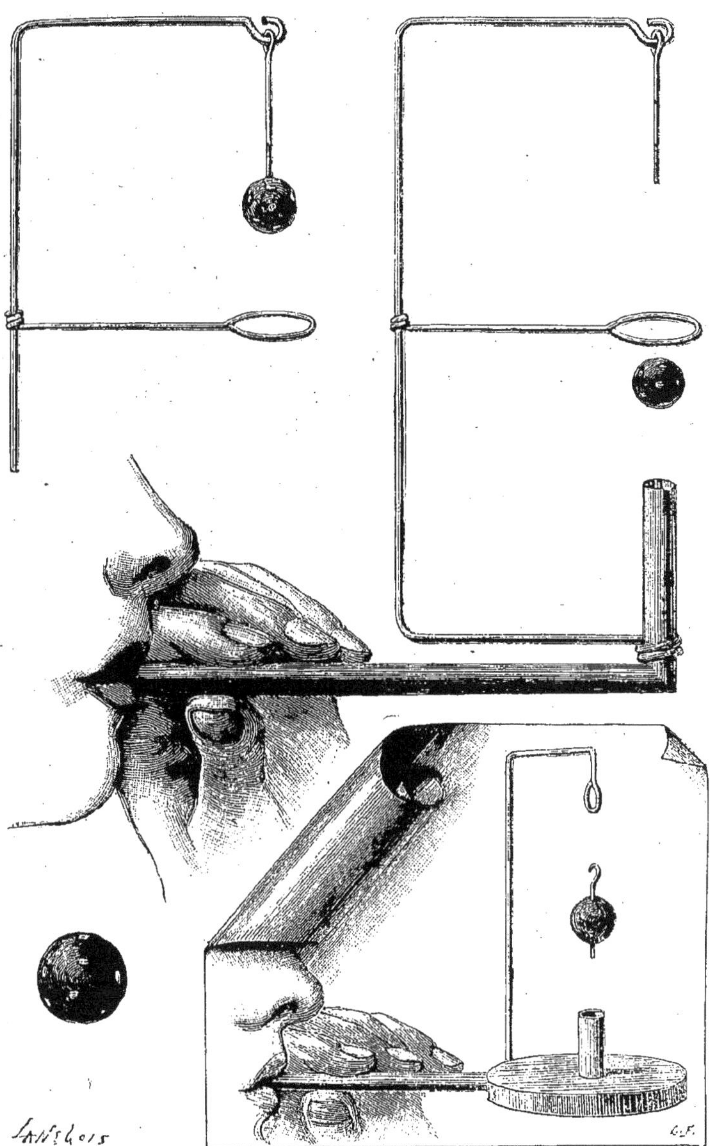

La boule électrique.

Ces deux jouets se trouvent un peu dans tous les bazars ; le premier n'est pas difficile à construire ; quant au second, il nécessite une petite tige aimantée, ce qu'il est facile de se procurer.

FLEURS DE STÉARINE

LA fabrication des *fleurs artificielles* se fait aujourd'hui merveilleusement : mais elle n'est pas à la portée de tout le monde, car elle demande une technique compliquée. Voici une recette aussi simple qu'originale, et qui permet d'obtenir des fleurs de muguet assez bien réussies.

Il suffit de prendre une bougie de stéarine, de l'allumer et de la placer alors horizontalement au-dessus d'un verre plein d'eau : la stéarine tombe en gouttelettes dans le verre, mais, à son contact avec l'eau froide, elle prend une forme hémisphérique, la forme d'une coupelle aux bords dentelés ressemblant assez bien à une corolle de muguet. Pour monter ces corolles, il suffit de couper des petites tiges en fil de fer et de les introduire dans les corolles en en chauffant une extrémité. Il reste à réunir en bouquet et à mettre dans un vase, et l'on obtient un effet vraiment curieux.

QUATRE FOIS NEUF
NE FONT PAS TRENTE-SIX

POUR sembler ne faire que des mathématiques pour rire, il ne nous en arrive pas moins fort souvent de donner des conseils pratiques à nos lecteurs, et de leur apprendre à se défier des additions, des multiplications,... ou de bien d'autres opérations, qui se répètent trop souvent à leur préjudice dans la vie de tous les jours. Je veux leur conter aujourd'hui l'histoire édifiante d'un commissaire de police... de Bagdad, qui fut volé par son secrétaire. Que les commissaires de police d'Europe profitent de la triste expérience de leur pauvre collègue d'Asie, et qu'ils se défient des mathématiques.

Donc notre homme, au jour de sa fête, avait reçu des marchands de vins de la ville une collection magnifique de 32 bouteilles de liqueurs délicieuses. Or, si notre commissaire avait la faiblesse bien excusable d'adorer la liqueur, son secrétaire partageait cette adoration. Malheureusement notre commissaire n'avait point de placard où bien enfermer cette précieuse provision : il avait dû la laisser dans son cabinet tout près du gosier assoiffé du secrétaire; mais, connaissant son homme, il lui avait fait remarquer qu'il saurait bien s'apercevoir si une bouteille disparaissait. Il avait pour cela placé ses 32 bouteilles en un magnifique carré, émotionnant à voir et disposé comme ci-dessous :

$$
\begin{array}{ccc}
1 & 7 & 1 \\
7 & & 7 \\
1 & 7 & 1
\end{array}
$$

C'est-à-dire qu'à chaque coin il y avait une bouteille seule, puis au milieu de chaque côté du carré 7 bouteilles réunies en tas. Il y avait 9 bouteilles de chaque côté, il lui suffirait d'un coup d'œil pour s'apercevoir si ce chiffre de 9 ne restait point le même.

Mais hélas! pour notre infortuné, les secrétaires de commissaires sont pleins d'imagination à Bagdad. Le lendemain, à peine son maître est-il sorti, qu'il cherche et trouve une inspiration merveilleuse; il enlève 4 bouteilles qu'il met en lieu sûr, puis dispose le magnifique carré ainsi qu'il suit :

$$
\begin{array}{ccc}
2 & 5 & 2 \\
5 & & 5 \\
2 & 5 & 2
\end{array}
$$

Il y a toujours 9 bouteilles sur chaque côté : c'est ce que s'empresse de constater le commissaire quand il rentre, et il ne peut s'empêcher d'admirer son intelligente idée. Le lendemain il sort de nouveau, et aussitôt le secrétaire puise dans sa gourmandise une nouvelle inspiration : il trouve encore le moyen d'enlever 4 bouteilles, en disposant celles qui restent de cette façon :

$$3 \quad 3 \quad 3$$
$$3 \qquad 3$$
$$3 \quad 3 \quad 3$$

il est tout triomphant de compter encore 9 bouteilles sur chaque côté du carré. Le lendemain l'infidèle secrétaire, tout heureux de son stratagème, trouve encore moyen de disposer les bouteilles comme ci-dessous :

$$4 \quad 1 \quad 4$$
$$1 \qquad 1$$
$$4 \quad 1 \quad 4$$

après en avoir dérobé 4 autres.

Cependant le commissaire avait grande envie d'entamer sa provision sans attendre plus longtemps, et, avant de le faire, il prend toutes ses bouteilles et les aligne pour examiner plus aisément les étiquettes. Mais ô terreur ! il les compte, les recompte et n'en trouve plus que 20.

Vous avez compris déjà quelle a été l'erreur du commissaire. En calculant le total de ses bouteilles par le nombre contenu dans chaque côté, il comptait 2 fois les tas des coins : c'est ainsi même que n'ayant que 32 bouteilles en tout, il en trouvait 9 sur chaque côté, ce qui semblait devoir en faire 36 au total. Quand son secrétaire lui en a pris d'abord 4, le tas de chaque coin, par suite de la nouvelle disposition, se trouvait augmenté d'une unité contenant 2 bouteilles, et comme le tas de chaque coin, ainsi que nous l'avons dit, était compté deux fois, le commissaire comptait 4 fois 2 ou 8 bouteilles de plus qu'il n'y en avait réellement, arrivant ainsi à son total de 4 fois 9.

Lorsque le secrétaire accomplit ses opérations, il doit toujours avoir pour but de diminuer les tas du milieu des côtés, qui ne sont comptés qu'une seule fois, et d'augmenter les tas des coins dont il a tenu compte 2 fois. Lors de sa deuxième opération, les coins à eux seuls seront censés contenir 8 fois 3 ou 24 bouteilles, si bien que les tas des milieux des côtés n'auront plus à en contenir que 12 pour faire le total fictif de 4 fois 9 ou 36 bouteilles. Enfin de même, lors de la dernière supercherie, les tas des coins, comptés chacun 2 fois fourniront 8 fois 4 ou 32 bouteilles, les tas des milieux n'ayant plus à en fournir par eux-mêmes que 4.

Et voilà comment, en mathématique comme en beaucoup d'autres choses, il faut éviter les doubles emplois.

UN NOUVEAU JEU DE PATIENCE : L'X

L ORSQU'ON voit apparaître sur le pavé de Paris quelqu'un de ces nouveaux jeux, en apparence si futiles, que met presque constamment au jour l'industrie parisienne, si fertile en inventions, on ne se figure point quelles peines, quels travaux véritables, quels calculs en nécessite la création. Il y en a, bien entendu, un grand nombre qui ne sont fondés sur aucun principe scientifique, qui ne sont que des constructions plus ou moins ingénieuses et originales; mais il y en a aussi beaucoup d'autres qui sont basés sur quelque loi de physique ou de chimie, ou même sur les mathématiques. C'est notamment le cas de certains jeux de patience qui se sont multipliés assez rapidement depuis quelques années : on se rappelle ce qu'on appelait le *Taquin*, qui a donné lieu à de véritables concours de solutions, puis aussi la question du *Matin*, dont la naissance rappelle les belles journées de l'Exposition de 1889; enfin un ancêtre déjà bien vieux de ces jeux est le *Solitaire*, qui a fait fureur du temps de nos grand'mères, et qui est fort délaissé de nos jours.

Nos lecteurs ont assurément pratiqué ces curieux amusements et se sont rendu compte (lors même qu'ils ne l'ont pas trouvée) qu'il y a une méthode exacte, et mathématiquement exacte, pour faire glisser les carrés du *Taquin* ou pour diriger les sauts des pions du *Solitaire*. Mais un inventeur, dont nous ignorons du reste le nom, a consacré un certain nombre d'années de sa vie à inventer un émule fort original du *Taquin* : ce jeu a été lancé à Paris, aujourd'hui il est devenu rare. Nous croyons intéressant de le signaler à nos lecteurs, parce qu'il est véritablement curieux, et que d'ailleurs, comme nous le dirons, chacun peut se le construire avec une grande facilité.

Tel qu'on le vend partout pour quelques sous, il se présente sous la forme d'une boîte carrée en cartonnage, haute d'environ 2 centimètres, ayant 12 centimètres de côté à peu près, et couverte d'une vitre qui en laisse paraître la disposition intérieure. Ouvrez ce couvercle pour mieux voir. Vous apercevez d'abord, dans un ordre qui ne vous semble être qu'une confusion, un ensemble de petites demi-spères en verre de couleur : il y en a des bleues, des rouges, des blanches, des noires, et en voici même une jaune[1]. Ces demi-sphères ont tout à fait l'apparence de boutons de bottines. En regardant de plus près, nous constatons qu'ils sont entrés dans des trous percés à la surface du double fond de notre boîte. Pour mieux étudier ce petit jeu, renversons-le absolument sens dessus dessous : tous les *pions* (si on peut les appeler ainsi) tous ces boutons de couleur tomberont sur la table, et nous pourrons nous apercevoir que ce sont de vrais petits clous, les têtes hémisphériques en étant montées sur une pointe en fer longue d'un centimètre à peu près, et cette petite pointe pénétrant dans un petit trou rond du double fond. Ce double fond, composé d'une plaque de carton reposant sur de petits tasseaux qui la maintiennent à un peu plus d'un centimètre du fond même de la boîte, est couvert d'un réseau de traits fort régu-

---

1. Ne pouvant donner les couleurs, notre gravure fournit un système particulier de hachures pour représenter chaque coloration.

lièrement tracés. On y dessine d'abord un carré parfait de 9 centimètres de côté, et l'on commence par y mener 5 parallèles à l'un des côtés et équidistantes ; on mène ensuite perpendiculairement aux premières, 5 autres parallèles équidistantes, de sorte qu'en somme on a dessiné un carrelage comprenant 6 rangées de 6 petits carrés ou 36 petits carrés. On mène alors les diagonales de tous ces carrés, et l'on perce un trou de la grosseur d'un des clous des pions à chacun des angles de chaque carré : nous obtenons ainsi 7×7 ou 49 trous.

Si vous voulez bien compter les pions que nous avons tout à l'heure renversés sur la table, vous vous apercevrez qu'ils sont appareillés par couleur (à l'exception d'un seul), et que, à part ce seul pion jaune, il y en a 6 de chaque couleur, 6 blancs, 6 rouges, 6 bleus et 6 noirs ; nous allons voir pourquoi. Voici quel est le but du jeu : il s'agit de replacer tous les pions, le pion *jaune* ayant d'abord été placé dans le trou du milieu de la figure, mais cela en observant certaines conditions, car autrement il ne serait guère malaisé de piquer 24 clous dans 48 trous. Et d'abord il faut que, sur chaque ligne de notre damier, il se trouve un pion, un représentant de chaque couleur, mais il faut qu'il ne s'en trouve *qu'un seul*, et cela est imposé aussi bien pour les lignes verticales que pour les lignes horizontales. Bien plus, une condition analogue est obligatoire pour les lignes diagonales, en ce sens qu'il ne faut jamais que deux pions de la même couleur se trouvent sur une diagonale quelconque ; enfin il faut encore prendre garde qu'il est absolument interdit de placer le moindre pion sur une des lignes que commande le pion jaune, c'est-à-dire sur la ligne horizontale sur laquelle est fixé ce pion, pas plus que sur la verticale et sur les deux diagonales où il est piqué.

On le voit, c'est assez compliqué, et cependant, en général, quand on met ce jeu entre les mains de quelqu'un, son premier mouvement est de se figurer que la solution peut se trouver immédiatement. Il n'en est pourtant pas ainsi, et, pour réussir, il faut beaucoup de soin, beaucoup d'attention...

et surtout beaucoup de patience. Ce ne sont pourtant pas les solutions qui manquent, il y en a un nombre considérable, et notre gravure en présente trois prises au hasard.

Lorsque le pion jaune est fixé dans le trou du milieu et qu'il s'agit de mettre la main à l'œuvre, la meilleure méthode, surtout pour un commençant, consiste à prendre et à placer chaque couleur séparément : c'est ainsi qu'on prendra d'abord les 6 pions rouges, je suppose, et on en posera un dans chaque rangée horizontale. Le premier sera mis, par exemple, en *a* 2, qui est la première place possible sur la première ligne horizontale, le trou du coin gauche étant défendu, parce qu'il se trouve sur une des diagonales du pion jaune, le terrible gardien. Nous ne pouvons plus mettre de pion rouge sur cette première ligne, d'après les conditions mêmes du jeu, puisqu'il y en a déjà un ; sur la deuxième ligne, nous ne pouvons en mettre, ni dans le premier trou ni dans le troisième, qui sont sur une même diagonale que le premier pion rouge (voir encore les conditions du jeu), ni dans le deuxième, qui est commandé par le pion jaune, ni dans le quatrième, qui est dans le même cas ; et nous ne pouvons le placer que dans le cinquième trou [1], comme l'indique notre figure n° 1. Nous devons chercher maintenant à en piquer un autre dans la troisième ligne horizontale : le premier trou est possible, puisqu'il n'est sous la dépendance ni d'un autre pion rouge, ni du pion jaune. Dans la quatrième ligne, il ne faut songer à rien mettre, puisque c'est la ligne du gardien jaune ; abordons la cinquième ligne. Regardez bien et vous verrez que les six premiers trous sont interdits absolument à notre pauvre pion rouge, soit par la présence d'un autre pion rouge sur une verticale ou sur une diagonale, soit par le jaune ; et il n'a comme refuge que le dernier trou à droite, ce que nous numérotons *b* 4 sur notre figure. Sur la sixième ligne, les deux premiers trous sont défendus par deux rouges déjà piqués, mais rien ne nous empêche d'occuper le troisième trou ; enfin sur la dernière

1. Nous comptons comme on lit, de gauche à droite.

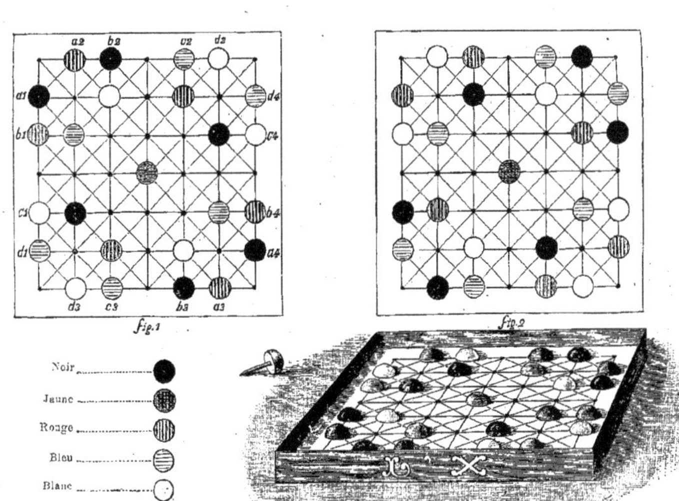

Le jeu de patience de l'X, et trois solutions du problème.

ligne, notre dernier rouge ne pourra se mettre que dans le trou a 3.

Voilà nos six pions rouges placés; mais il faut en faire autant pour les trois autres couleurs. Nous ne donnerons pas de plus amples détails; mais que notre lecteur ne se décourage pas s'il essaye de piquer les clous bleus, blancs et noirs; bien certainement il sera pris de mouvements d'impatience, quand il s'apercevra que telle place qu'il voudrait bien occuper est déjà prise, ou qu'elle est commandée et interdite, par conséquent, par le pion jaune, cet horrible pion jaune qui est si gênant.

Et cependant rien ne paraît plus facile que de reproduire ces combinaisons dont nous donnons trois types, mais c'est que le moindre pion, changé de place, oblige à transformer une grande partie de l'ensemble de cette figure (affectant grossièrement la forme d'un X, d'où le jeu tire son nom). Si par exemple j'ai placé mon premier clou rouge en b 2, je puis poser le deuxième en a 1, et toute l'économie de la disposition devra être complètement changée.

Si vous voulez bien chercher et trouver des solutions multiples, vous obtiendrez la solution générale; mais je me garderai bien de vous l'indiquer, parce que ce serait vous enlever la possibilité de trouver une distraction fort amusante dans les combinaisons de ce jeu. Qu'il vous suffise de remarquer quelle symétrie affectent toujours les solutions qu'on peut trouver, et voyez, par exemple, comparez le coin droit inférieur avec le coin gauche supérieur de notre figure 2 : la diagonale a 1 a 2 est formée d'un rouge et d'un blanc, tandis que la diagonale a 3 a 4 est formée d'un blanc et d'un rouge; de même la diagonale b 3 b 4 représente a 3 a 4 renversée, et b 1 b 2 représente a 1 a 2 à l'envers. Nous n'insisterons point sur ces explications qui nous mèneraient beaucoup trop loin.

Qu'il nous suffise, avant de finir, de faire remarquer à nos lecteurs avec quelle facilité on peut se faire un jeu de cette sorte. Le dessin des carrés est fort aisé à tracer; quant aux pions de couleur, on peut les remplacer par des boutons de bottines de différentes nuances, ou portant des signes qui permettent de les distinguer. On pourrait même se servir de dames marquées de certains signes, qu'on placerait sur un carrelage de grandes dimensions. Par ces moyens divers, nos lecteurs se trouveront dotés d'un jeu fort intéressant, aux combinaisons multiples.

UN PROCÉDÉ DE PEINTURE ORIGINAL

IL y a des gens qui peignent... au pinceau : c'est ce qu'il y a de plus ordinaire, et par conséquent de moins intéressant. Il y en a d'autres qui peignent au couteau ou même au pouce; on cite des artistes spéciaux qui, soit par simple passe-temps, soit parce que leurs mains refusent le service, prennent délicatement leur pinceau entre deux doigts de pied. Nous n'allons pas inciter nos lecteurs à pareil exercice de haute gymnastique; mais nous voudrions néanmoins leur enseigner un procédé aussi facile en lui-même que charmant par les résultats qu'il procure : il nous a été indiqué par quelqu'un, qui le pratique de main de maître.

Il faut tout d'abord nous munir de deux ustensiles bien simples et bien communs. Il s'agit en premier lieu de posséder un cadre garni d'une toile métallique : et, pour cela, on prend un fil de fer assez fort, de 4 à 5 millimètres de diamètre et de 90 centimètres de longueur à peu près, que l'on coude de façon à former un rectangle long de 25 centimètres, large de 10 à 12; les deux extrémités du fil viennent se croiser et se tordre l'une sur l'autre sur le petit côté inférieur du rectangle, en formant comme un manche au cadre. Sur celui-ci on dispose une toile métallique assez fine, comme il s'en trouve chez le premier marchand venu, telle qu'on en emploie pour les garde-feu, et on la fixe au fil de fer, aux côtés du rectangle, au moyen de quelques brins de fil d'archal. Le second ustensile nécessaire est une brosse à peindre, un pinceau en blaireau hors de service, qu'on rogne, qu'on coupe en ne laissant aux poils qu'une longueur de 1 centimètre environ; et d'ailleurs, si l'on ne possède pas de pinceau en blaireau, on peut tout aussi bien se servir d'une vulgaire brosse à dents en mauvais état. On voit que le matériel n'est pas coûteux ni rare.

Nous allons faire de la peinture de fleurs ou de plantes, et d'après nature : nous prenons donc des feuilles, autant que possible très découpées, quelques petites tiges minces, des graminées délicates, des branches portant des feuilles très légères, et nous commençons par faire sécher et par aplatir convenablement tout cet ensemble. Pour cela, il y a le procédé classique, qui consiste à mettre les plantes entre les feuillets d'un gros livre; si l'on veut aller plus vite, on peut les placer entre deux épaisseurs de papier buvard que l'on comprime énergiquement, mais peu à peu, dans une presse à copier, et en laissant sécher.

Prenons ensuite toutes ces feuilles, que nous avons séparées les unes des autres, ces brindilles, ces tiges, ces petites branches, et formons-en un bouquet à plat sur une feuille de carton bristol bien blanc, ou même du papier Whatmann, l'un et l'autre pouvant donner d'excellents résultats, quelque peu différents d'apect Que nos lecteurs soient sans inquiétude : ils pourront toujours trouver des plantes répondant parfaitement aux besoins de cette expérience, car il est facile de se procurer des feuilles de persil, des feuilles de carotte. Nous avons soin de fixer immuablement notre carton sur une table en le maintenant aux quatre coins à l'aide de *punaises* à dessin. Quant aux feuilles, bien aplaties, nous les piquons avec des épingles minces en acier, qui entrent solidement tout en faisant de très petits trous; d'ailleurs, nous les fixons d'une manière indépendante, c'est-à-dire de façon à ce qu'on puisse en enlever une sans déranger les autres.

Nous trempons très légèrement notre brosse dans l'eau et nous la frottons sur une couleur à aquarelle ou à gouache : elle est ainsi enduite d'une certaine quantité de couleur à l'état à peu près liquide. Quant à la couleur qu'on doit

Peinture à la brosse.

prendre, elle peut être théoriquement quelconque ; mais nous conseillerons de prendre, au moins pour les débuts, un brun roux, du brun Van Dyck par exemple, qui donne de très jolies colorations. Nous armant de notre cadre en fil de fer, nous frottons vigoureusement la brosse à dents à la surface de la toile métallique, au-dessus et à une dizaine de centimètres de notre papier. Tout naturellement, à chaque frottement d'un poil sur un des fils transversaux de la toile, ce poil fait ressort et projette une petite goutte de peinture qui tombe sur le papier, partout où ce papier n'est pas protégé par une feuille : de sorte que si, au bout d'un instant, nous enlevions les feuilles piquées, il en resterait sur la surface comme un décalque blanc, en *épargne*, si l'on peut dire, au milieu du papier couvert partout ailleurs d'une espèce de petite pluie de gouttelettes brunâtres. Mais nous n'allons point enlever tout d'un coup toutes ces feuilles ; en outre, nous n'avons point répandu uniformément la bruine sur la surface entière, mais nous avons fait comme un dégradé en accentuant la nuance, en répandant une pluie plus abondante sur le bas du bouquet. Alors nous détachons les épingles d'une première feuille, que nous mettons de côté, et nous recommençons à passer une couche de gouttelettes qui vient ombrer la silhouette blanche de cette feuille, la noyer un peu comme sous une couche légère de pastel. Nous enlevons ensuite une seconde branche, et procédons de même, puis encore pour quelque petite brindille, quelque tige, et ainsi de suite jusqu'à la dernière feuille, ou jusqu'au dernier groupe de feuilles, qui se détache en valeur très blanche sur le fond assez vigoureusement coloré.

Évidemment, nous ne pouvons donner là que des indications très sommaires, nous ne pouvons qu'indiquer le procédé général dans toute sa sécheresse, car c'est le goût de l'opérateur, la disposition adoptée pour le bouquet qui doivent le guider, lui faire enlever telle feuille en premier, telle autre ensuite, lui faire projeter plus de couleur en telle partie et moins en telle autre. Le mieux est, du reste, de faire quelques écoles, et, ce qui est consolant, c'est que même les plus

inexpérimentés arrivent immédiatement à créer des motifs
décoratifs qui ne manquent point de grâce.

Nous avons dit en commençant que, pour projeter la couleur, on peut employer un pinceau en blaireau dont les poils
sont rognés : dans ce cas on se sert de couleur diluée dans
une plus grande quantité d'eau, et alors cette eau tombe sur
le papier sous la forme de grandes gouttes étalées qui ont
une tendance à se réunir. Aussi, chaque fois qu'on vient de
faire tomber une couche de couleur et qu'on a enlevé une
feuille, on doit sécher le papier avant de continuer. Ce procédé est plus difficile, s'il est plus artistique, et nous conseillerons aux commerçants de s'en tenir modestement à la
brosse à dents imprégnée de couleur très peu humectée.
Avant de finir, nous recommanderons de ne point employer
de toile métallique trop fine, autrement l'eau s'y accumule,
ne tombe plus en pluie fine, mais de temps en temps en
grosses gouttes.

Nous en avons assez dit pour inciter nos lecteurs à tenter
ces curieux essais : ils pourront d'eux-mêmes les varier à
l'infini, tant dans la couleur à projeter que dans la nuance du
papier, en se livrant à des combinaisons de toutes sortes.
Cette nouvelle peinture permettra la décoration de panneaux
en bois, de feuilles de paravents; on pourra même l'employer
à orner des étoffes, des tentures et notamment des services à
thé, à condition, bien entendu, de fixer la couleur au moyen
de gomme ou d'un fixatif quelconque. Enfin les paresseux
qui veulent aller vite feront bien de remplacer la brosse à
dents par une brosse à cheveux : il suffira de la passer quelques fois sur la toile métallique pour que le papier soit suffisamment nuancé.

UN KALÉIDOSCOPE A BON MARCHÉ

LE kaléidoscope est universellement connu, et, en dépit de sa simplicité, il réjouit toujours les yeux par la variété des aspects qu'il donne, le chatoiement des couleurs, les combinaisons pour ainsi dire sans nombre que fournissent les morceaux de verre colorés qui en constituent la partie principale. Aussi nos lecteurs ne seront-ils peut-être pas fâchés d'avoir le moyen pratique de fabriquer un *kaléidoscope à bon marché*, très élémentaire, mais bien suffisant et produisant des jeux de lumière charmants.

On commence par acheter, chez le premier miroitier venu, trois morceaux de glace, trois bandes de dimensions absolument identiques, ayant environ 25 centimètres de long et cinq de large; puis, au moyen de quelques tours de ficelle ou de fil mince, on les attache de façon à former un prisme triangulaire, la partie étamée étant au dehors. On coupe ensuite une feuille de papier en triangle, mais sous forme d'un triangle plus grand qu'une des extrémités du prisme, on place ce papier de façon à ce qu'il bouche le prisme et puisse se replier sur les parois, c'est-à-dire sur l'extérieur des bandes de glace : on l'y fixe au moyen de colle. Le papier qu'on dispose ainsi devra être très transparent pour laisser pénétrer la lumière à l'intérieur du kaléidoscope.

A l'extrémité opposée de l'appareil, on fixe de même un autre fond de papier, mais celui-ci doit être en papier opaque et l'on y percera un trou rond, de la grandeur d'une pièce de cinquante centimes, qui servira d'oculaire. Avant de fermer la boîte triangulaire ainsi construite, on y insère des morceaux de verre de couleur, des perles de toutes nuances; puis après avoir mis l'opercule en place, on colle du papier sur les faces du prisme, de manière à consolider les parois de cette boîte triangulaire, à maintenir définitivement les trois bandes de glace.

Voilà le kaléidoscope achevé : on n'a plus qu'à tourner vers la lumière l'extrémité garnie de papier transparent; en plaçant un œil à l'oculaire, et en faisant tourner le prisme, on jouit du même spectacle que dans l'appareil le plus cher; les morceaux de verre, les perles se réfléchissent pour ainsi dire à l'infini dans les trois miroirs, la lumière se joue dans leurs colorations et donne les combinaisons les plus variées et les plus gracieuses.

ÉQUILIBRISTES MERVEILLEUX

Nous sommes déjà revenu plusieurs fois sur les expériences toujours faciles et toujours étonnantes que permet l'application des lois de l'équilibre; nous avons posé les principes généraux qui mettent chacun à même d'imaginer les variations les plus diverses sur un même thème.

Nous espérons que nos lecteurs auront pu tirer quelque profit de nos indications, et en faire des applications de nature à les surprendre. Néanmoins nous voudrions aujourd'hui aborder à nouveau ces questions d'équilibre et de centre de gravité, à propos d'un tout petit jouet bien modeste créé par l'industrie parisienne.

Nous avons expliqué, on s'en souvient sans doute, qu'un corps est en équilibre quand son centre de gravité est au-dessous du point d'application, du point où repose le corps, ou bien tout simplement en ce point d'application même; et à ce propos, entre autres expériences, nous avions cité celle qui consiste à faire tenir une aiguille en équilibre debout sur sa pointe, en enfonçant la tête de l'aiguille dans un bouchon et, d'autre part, en piquant verticalement deux fourchettes, la queue en bas, dans ce bouchon. Reprenons nos deux fourchettes : elles vont nous servir, mais tâchons autant que possible que ce soient deux fourchettes lourdes; l'équilibre cherché n'en sera que mieux assuré.

Il nous faut un second instrument, un couteau de table quelconque, pointu ou rond, mais plutôt rond, parce que les deux côtés en sont plus naturellement équilibrés. Il s'agit de poser le bout de la lame de ce couteau sur l'extrémité de notre doigt par exemple, et de le faire tenir horizontalement en équilibre en cet état; il est évident que si, sans préparation, vous tentez l'expérience, le manche, étant très lourd par rapport à la lame, emportera le tout, et le couteau tombera bien vite à terre. Mais appelons les deux fourchettes à notre aide, et cela deviendra bien simple..., si nous plaçons bien ces fourchettes.

Passons la lame du couteau entre les deux dents du milieu de l'une d'elles, vers les deux tiers de la longueur de ces dents, puis faisons entrer les dents de la seconde fourchette dans celles de la première, de manière qu'elles se tiennent enchevêtrées ainsi et qu'elles occupent toutes les deux une position symétrique par rapport à la lame du couteau. Il faut du reste, autant que possible, que ces dents soient assez serrées pour qu'elles se maintiennent mutuellement dans cet enchevêtrement et qu'elles serrent la lame et ne glissent point. Quant à la position exacte qu'il faut donner aux fourchettes par rapport au couteau, il suffit de dire qu'elles doivent faire avec lui, du côté de la main, un angle aigu d'*à peu près* 60 degrés. Nous disons à peu près, car ce ne sont que des indications tout à fait générales; le meilleur guide en la matière, c'est l'expérience et le tâtonnement. On donne aux fourchettes une position telle que leur queue vienne très en arrière de l'endroit où la pointe du couteau repose sur l'extrémité du doigt Si l'on se rappelle tout ce que nous avons dit sur le centre de gravité, on comprendra tout de suite que, du fait de ces grands bras, le centre de gravité est amené à coïncider précisément avec le point d'application... à condition, bien entendu, que les fourchettes soient fixées au point voulu sur la lame du couteau. C'est pourquoi, comme nous l'avons dit tout à l'heure, il faut tâtonner, chercher la position des deux fourchettes qui est favorable à l'équilibre, c'est-à-dire celle dans laquelle le centre de gra-

Quelques appareils d'équilibre.

vité est ramené au point voulu. On comprend que tout cela dépend, pour beaucoup, des poids respectifs de la lame du couteau, de son manche, des deux fourchettes, etc.

On peut tout aussi bien réussir l'expérience en remplaçant le couteau par un morceau de règle ou de carrelet, et en y piquant deux grattoirs, deux canifs dans une position analogue à celle des fourchettes, de part et d'autre de cette règle. L'expérience, pour être intéressante au point de vue physique, n'en manque pas moins complètement d'élégance; mais précisément les industriels parisiens, toujours à l'affût de ces petits jouets originaux et peu coûteux qui sont d'un débit assuré, en se basant sur le même principe, ont transformé l'apparence extérieure de cette expérience.

Supposez une feuille de carton ferme sans être trop lourd, découpée sous la forme d'une libellule, et imprimée en couleur de façon à imiter ladite libellule vue d'en haut volant les ailes étendues : c'est ce que représente une des figures de notre dessin. Retournez maintenant cette feuille de carton, vous verrez en dessous, comme l'indique notre gravure, à l'extrémité de chaque aile antérieure, une petite lame de plomb ronde collée au carton. Par rapport à la queue et au corps de la libellule, les ailes munies de contrepoids en plomb jouent exactement le même rôle que les fourchettes par rapport au couteau. Aussi appuyez la tête de la libellule sur le bout de votre doigt, ou bien, ce qui paraîtra plus gracieux, sur la pointe d'une aiguille piquée verticalement : le centre de gravité passera par le point d'appui, et tout le système sera en équilibre, si bien que la libellule, oscillant au moindre souffle, semblera s'être venue poser légèrement sur l'aiguille ou sur votre doigt.

On a donné une autre forme gracieuse à ce petit jouet : on a découpé une feuille de carton en forme d'hirondelle, toujours vue par en dessus et volant les ailes étendues, on a muni de petits cercles de plomb les extrémités de ces ailes, et, ces cercles faisant contrepoids à l'oiseau, vous pouvez le poser par le bout de son bec sur votre doigt, qu'il paraîtra venir becqueter en voletant. De même aussi on a découpé des

écrevisses, dont les pattes antérieures jouent le même rôle.
On a été jusqu'à fabriquer de petits acrobates, toujours en
feuille de carton, qui pourraient rendre des points aux sujets
les plus remarquables de tous les cirques : on les voit se tenir
horizontalement en équilibre, étendant les jambes en arrière
s'appuyant sur une tête d'épingle avec leur langue qu'ils sortent démesurément, et grâce simplement à leurs bras qu'ils
projettent en avant, ces bras étant munis à leur extrémité de
la petite plaque de plomb dont nous avons déjà parlé.

Il nous a semblé amusant d'attirer l'attention sur ce curieux
petit jouet, d'autant plus qu'il est bien facile à construire, surtout avec les quelques modèles que nous avons donnés : il
suffit d'un peu de carton bristol : quant aux cercles de plomb,
pour les fabriquer, il suffit d'aplatir au marteau des balles
de plomb et d'y découper des rondelles au canif. Ajoutons du
reste qu'il importe que les deux rondelles se fassent exactement contrepoids pour que le petit équilibriste ne penche pas
plus d'un côté que de l'autre. Pour remédier à ce malheur,
s'il se produisait, il suffirait de déplacer quelque peu une des
petites plaques de plomb, jusqu'à ce que l'horizontalité soit
obtenue, ou bien de la rogner, d'en enlever un morceau, afin
qu'elle pèse moins. Il n'y a qu'à tâtonner un peu pour arriver
au but.

LA DIVINATION FACILE

Il existe toute une série de petites combinaisons numé-
riques au moyen desquelles on peut paraître deviner un
nombre pensé par quelqu'un; mais tous ces procédés ont
l'inconvénient de nécessiter des calculs et des demandes réi-
térées qui enlèvent toute illusion. Après cela il n'est pas possible de croire à une divination. Mais voici un petit procédé
qui est bien curieux et qui n'est pas sans jeter l'étonnement
dans l'esprit des spectateurs.

Donnez-vous comme ayant une puissance particulière pour lire dans la pensée des gens ou pour leur suggérer ce que vous voulez; puis prenez une posture convenable, celle d'un hypnotiseur en fonctions, et demandez brusquement à une personne de penser un nombre, en y fixant bien sa pensée. Vous pouvez lui dire *avec presque certitude...* que c'est le nombre *sept*! Il n'y a point là de lecture dans la pensée, mais tout simplement un fait d'observation. *Presque toutes les personnes* auxquelles on posera cette question répondront le chiffre *sept*. C'est le chiffre qui a le plus de chances de venir à la pensée et cela s'explique.

En effet le chiffre 7 est un chiffre d'une usage général, si l'on peut dire; l'on a eu occasion bien souvent de faire remarquer combien de fois il se rencontre dans l'existence ou dans l'histoire, depuis les 7 jours de la semaine jusqu'aux 7 péchés capitaux, aux 7 travaux d'Hercule ou aux 7 merveilles du monde. Voilà pourquoi, pris à l'imprévu, l'esprit songe immédiatement à ce nombre cabalistique.

On comprend, à la suite de cette observation, comment on peut aisément faire le prestidigitateur; si par hasard la personne interrogée répond un autre nombre, on peut aisément trouver une excuse à cet échec, en disant que c'est un sujet difficile qui ne subit point le fluide.

DESSIN A LA BROSSE

Notre titre semble aussi étrange que peu scientifique; et cependant il est fondé sur l'étude de la botanique, ou au moins d'une partie spéciale de la botanique, sur l'étude de la constitution de la feuille en général. Pour étrange, en revanche, il est vrai que le procédé que nous voulons indiquer l'est au plus haut degré : on connaît bien des peintres qui peignent *à la brosse*, il est maint artiste qui *brosse* des toiles, mais la brosse n'est alors qu'une sorte de pinceau particulier, très fourni et un peu dur; tandis qu'ici il s'agit bel et bien d'une brosse au sens propre du mot, d'une brosse à habits à laquelle il s'agit de faire jouer un rôle qui ne lui est pas habituel.

Prenons une feuille quelconque, une feuille de vigne, feuille de mûrier ou d'autre plante : nous remarquerons immédiatement que le *limbe*, c'est-à-dire le corps de la feuille, non compris le *pétiole*, ou, comme on dit vulgairement, la queue, forme une lame verte où l'on peut trouver aisément plusieurs éléments constitutifs. Dessus et dessous, ce limbe possède un épiderme, analogue à notre peau ; entre ces deux épaisseurs de peau se trouve le *parenchyme*, le tissu même, ce qui peut se comparer raisonnablement à notre chair. Mais, comme il faut quelque chose pour soutenir ces tissus, le *pétiole*, la queue de la feuille pénètre dans ce parenchyme, se subdivisant, se ramifiant en une série de *nervures*, qui constituent la charpente de la feuille.

Vous avez sans doute bien souvent ramassé dans les bois, ou au moins au pied des arbres, des feuilles qui avaient passé dehors une grande partie de la mauvaise saison, et qui semblaient jouer une dentelle gracieuse et d'une finesse toute particulière. L'explication en est très posaïque : la putréfaction a détruit l'épiderme et le parenchyme du limbe de ces feuilles, et il ne reste plus que les nervures, dont les mailles étroites encadraient le parenchyme, et qui, une fois ce parenchyme disparu, forment un réseau d'une exquise délicatesse. En un mot, la chair a disparu, et il ne reste plus que le squelette, squelette formé par les nervures, qui sont beaucoup plus résistantes que toutes les autres parties constitutives du limbe.

C'est précisément cette propriété qu'a le parenchyme de se détruire facilement, que nous voulons utiliser ici.

Il s'agit de dessiner sur une feuille un bouquet de pensées, par exemple : pour cela, il nous faut d'abord nous procurer une silhouette de ce bouquet, et nous prendrons, si vous le voulez, celle qui accompagne cet article. On voit d'après quel procédé elle est faite : toutes les parties qui doivent être lumineuses ou venir en clair, sont en blanc sur notre dessin. Décalquez soigneusement ce dessin, en respectant tous les blancs, sur une feuille de carton assez mince pour se découper aisément aux ciseaux ou au canif; puis procédez au découpage. Suivez exactement tous les contours, évidez soigneusement toutes les parties en blanc, et vous obtiendrez une sorte de plaque à l'emporte-pièce comme en emploient les emballeurs, par exemple, pour imprimer sur les caisses des signes, des marques ou des lettres.

Et maintenant procurez-vous une brosse à habits, une brosse en crin mais bien dure; disposez sur une table recouverte d'un tapis un morceau de drap uni, fin et assez épais. Cherchez une feuille bien large, au moins aussi large que votre dessin découpé (il est préférable qu'elle le soit sensiblement davantage); placez-la sur votre morceau de drap, de façon à ce qu'elle soit à l'envers, c'est-à dire le dessous dessus. Posez ensuite votre dessin découpé sur la feuille, et maintenez-l'y soigneusement, de sorte qu'il ne bronche pas du tout, puis saisissez votre brosse à habits, et commencez à frapper doucement et perpendiculairement, sans vous occuper de votre dessin; augmentez peu à peu la force avec laquelle vous frappez. Ce qui se passe est facile à prévoir. Partout où la feuille de carton du dessin protège la feuille, celle-ci reste intacte, tout au plus est-elle un peu meurtrie. Au contraire, autour du dessin et dans les évidements qu'ils portent, les crins de la brosse commencent de percer cette feuille; ils n'ont pas d'action sur les nervures et leurs ramifications, pas plus que la putréfaction, mais ils transpercent, déchirent et font disparaître bientôt le parenchyme.

Au bout d'un instant, par suite, partout où n'était pas le dessin, il ne reste plus de la feuille que les nervures; au contraire la partie protégée du tissu de cette feuille reproduit exactement le dessin en silhouette que vous avez découpé.

Pour mener à bien votre œuvre d'art, votre dessin à la

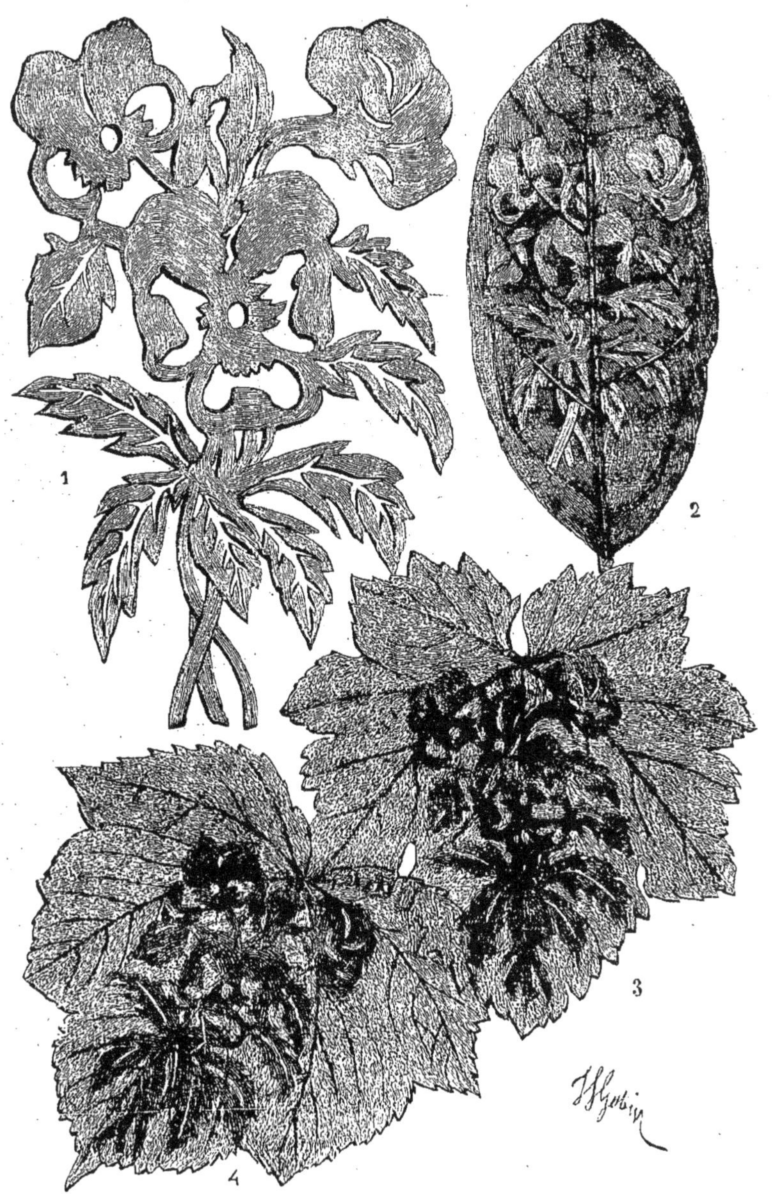

1. Patron de découpage. — 2. Résultat sur une feuille d'aucuba. —
3 et 4. Résultat sur des feuilles de vigne.

brosse, vous pouvez choisir une feuille de mûrier : il est facile de s'en procurer de fort larges, et le tissu en est très tendre et se détache aisément.

Voici le moyen de bien juger du résultat : prenez une feuille de papier blanc, que vous placerez au grand jour, et regardez la feuille où est transposé votre dessin découpé, non point par transparence devant la lumière, mais se profilant à quelques 12 ou 15 centimètres devant la feuille de papier blanc. Vous serez tout étonnés de voir la légèreté de la silhouette obtenue, où vous distinguerez les nervures des feuilles de pensées, les cœurs des fleurs.

Si par hasard vous aviez opéré sur une feuille épaisse, ferme comme celle de l'*aucuba*, par exemple, où les nervures constituent un réseau excessivement serré, vous n'auriez plus le même élégant effet de dentelle et d'application. Sans poser votre feuille sur aucun fond déterminé, simplement vous abstenant de la regarder par transparence, vous verriez le dessin se profiler très nettement avec la couleur verte primitive de la feuille fraîchement cueillie, tandis que les parties environnantes et toutes celles qui étaient évidées sur votre dessin, se présentent avec une coloration brun de rouille.

Bien entendu, si nous n'avons donné qu'un patron de dessin, c'est que la place nous est forcément ménagée, mais cela suffit pour bien faire comprendre le procédé, et l'on peut se créer soit-même un nombre indéterminé de patrons analogues, depuis les dessins géométriques jusqu'aux bustes, aux profils. L'important est que le patron soit soigneusement découpé. J'ajouterai, comme dernier conseil, qu'il faut absolument employer des feuilles fraîches; les feuilles sèches se briseraient sans résultat.

Au reste, je ne garantis point que ce mode de dessin soit pour entretenir en bon état la brosse dont on se sert, mais il faut passer sur ce détail, puisque, en somme, ce procédé amusant peut fournir des notions précises sur la constitution de la feuille.

REPRODUCTION DE FLEURS

Nous avons donné tout à l'heure un procédé de peinture original permettant d'obtenir la reproduction de profils de fleurs et de plantes au moyen d'un grillage métallique ; voici une autre façon bien intéressante pour reproduire directement des végétaux sur une feuille de papier.

On fait sécher une fleur, puis on la place entre les deux parties d'une feuille de papier pliée en deux, et dont une des faces intérieures est noircie à la fumée : on met le tout sur un tapis, et l'on frotte avec un coupe-papier, ce qui enduit de noir les reliefs de la plante. On la met ensuite dans une autre feuille de papier pliée mais complètement blanche ; on frotte encore, et comme cette fleur joue le rôle d'un cliché en relief, elle imprime tous ses détails sur le blanc du papier.

LE QUADRILATÈRE STRATÉGIQUE

Parmi les jeux de toutes sortes, combinaisons, patiences ou autres que chaque année voit éclore, il en est qui ne signifient pas grand'chose, qui n'ont guère d'intérêt, qui ne sont que de pâles copies du jeu de l'oie ou de quelque jeu de même espèce ; il en est au contraire qui dénotent chez leur auteur un esprit d'invention vraiment original. C'est ainsi que nous avons signalé antérieurement le jeu de l'X ; de même aujourd'hui nous allons indiquer à nos lecteurs le *quadrilatère stratégique*, qu'on nomme aussi *jeu Suisse*, probablement parce qu'il a été inventé par un Anglais, ou du moins qu'il se trouve en vente dans une grande maison anglaise de Paris. Il y a toujours quelque observation intéressante à faire ou quelque distraction à prendre avec les jeux de cette nature

Regardez bien la gravure ou plutôt le plan qui accompagne cet article : c'est lui qui forme la partie la plus importante du jeu. Examinez bien toutes les lignes qui composent cette figure, car elles ont toutes une raison d'être, autant les lignes de grosseur ordinaire que les lignes plus épaisses qui dessinent une croix comprenant 5 carrés, et que les diagonales pleines ou pointillées. Notre carré, notre quadrilatère, comme on l'appelle, dont les dimensions peuvent être absolument quelconques, est partagé en 7 bandes, égales en largeur, par 6 parallèles à ses côtés verticaux. Nous menons ensuite 6 autres droites parallèles aux côtés horizontaux de ce même quadrilatère; mais, comme on le voit bien sur la figure, la parallèle supérieure et la parallèle inférieure sont interrompues à la traversée de la bande rectangulaire du milieu. En repassant fortement la plume ou le crayon qui nous a servi à tracer ces diverses lignes, nous renforçons vigoureusement les côtés du carré du milieu, ainsi que ceux des 4 carrés que s'appuient sur lui.

Puis nous menons toutes les diagonales de ces 5 carrés; enfin nous traçons les diagonales qu'indique la figure pour les autres carrés, mais en prenant bien soin de pointiller celles qui sont ainsi indiquées, parce qu'elles ont un rôle spécial à jouer.

Il nous faut maintenant les 2 armées qui manœuvreront sur le champ de bataille ainsi préparé. Ce seront d'abord 32 pions blancs, des dames, par exemple, ou encore des pions d'échec, si vous en avez en nombre suffisant, ou encore des jetons de whist, ou tout simplement des petits disques de papier. Votre seconde armée ne comprendra que 4 hommes... sans caporal, 4 pions d'une autre couleur, noirs, par exemple, que vous vous procurerez de la même manière. Vous voyez immédiatement que l'armée noire est numériquement bien inférieure à l'armée blanche; mais, comme l'ingénieux inventeur de ce petit jeu voulait égaliser les chances pour intéresser également les 2 joueurs (car cela se joue à 2), il a imposé aux pions blancs certaines conditions particulières de combat.

Voici donc les 2 partenaires en face l'un de l'autre, l'un

commandant l'armée blanche, l'autre l'armée noire. Que vont-ils faire? comment doit s'engager la bataille et quel en est le but? Et d'abord comment doivent se placer les troupes?

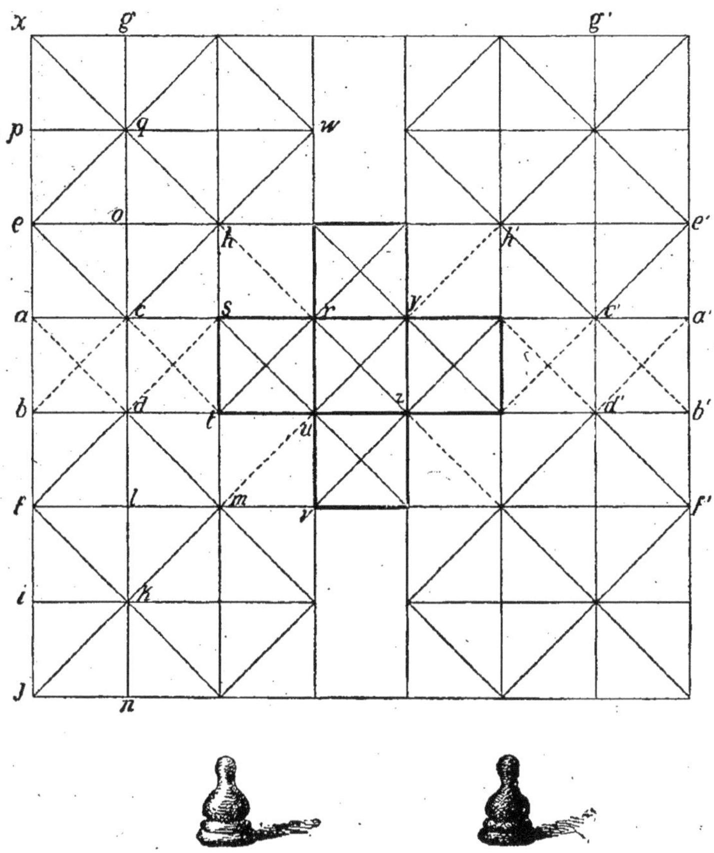

Le quadrilatère stratégique.

Disons d'une façon générale que les pions se mettent toujours aux angles des petits carrés. Les 4 noirs se mettent indifféremment aux sommets de 4 angles quelconques des quadrilatères composant la croix, par exemple sur les points r, u, y, z, ou tout aussi bien aux points s, r, t, u. Quant aux pions blancs, ils se placent fort symétriquement : on en met 16 sur les 2 rangées verticales de l'extrémité gauche du quadrilatère, c'est-à-dire en x, p, e, a, b, f, i, j, et en g, q, o, c, d, l, k, n, et de même les 16 autres sur les 2 rangées verticales correspondantes de la droite du quadrilatère.

Avant de dire comment vont marcher et guerroyer ces 2 petits régiments, il faut au moins expliquer ce que poursuivent les uns et les autres. Les blancs ont le désir d'occuper la croix, en ce sens que le commandant des blancs, le joueur qui les fait marcher, gagne quand il a réussi à placer 12 pions blancs sur les 12 sommets d'angles de la croix. Au contraire, et par une conséquence forcée, les noirs n'ont qu'à défendre la croix, à empêcher que les blancs ne l'occupent entièrement, ce à quoi ils arrivent en prenant lesdits blancs, suivant le mode que nous préciserons tout à l'heure, ou en les bloquant, en les mettant dans l'impossibilité de gagner. Ainsi les pions noirs ont gagné, et les blancs perdu, soit qu'il reste seulement onze pions blancs en tout sur le jeu, à la suite de prises répétées, car alors on est sûr qu'avec 11 pions le joueur ne pourra pas occuper 12 points ; soit que les pions blancs se trouvent cernés.

Mais comment marchent tous ces pions ?

Les blancs commencent toujours la partie, et ils doivent s'avancer dans la direction de la croix, de toute façon, autrement dit dans la direction de la bande rectangulaire verticale qui fait le milieu du quadrilatère. Expliquons-nous par des exemples pour qu'il ne reste aucun doute sur cette règle fondamentale du jeu. Si un pion blanc se trouve en a, par exemple, il pourra s'avancer d'a en c, ou aussi bien d'a en d ; de d il pourra passer en s, en t, en m, car il ira toujours vers la croix du milieu ; mais il ne pourrait aller de d en l, et encore moins de d en f, car ce ne serait plus alors s'avancer dans la direction de la croix. De même un autre pion placé en x peut venir en p, ce qui est la direction de la croix, puis en e, en a ; mais en a il ne peut continuer sa descente verticale, qui ne serait plus dans la direction de la croix. Tout aussi bien d'x, il lui était loisible de venir en q, de q en h; de ce point il lui est évidemment interdit de prendre la route de o ou de g, ce serait retourner sur ses pas, et c'est défendu à tout pion blanc. De h, il pourra immédiatement gagner horizontalement la croix, ou descendre verticalement en s ou obliquement en r. Si nous considérons le pion posé en e, il nous est permis de lui faire suivre la voie e, o, h, r ou s, ou e, c, h, r, ou e, c, s, ou e, a, c, s, ou e, a, c, t, ou encore e, a, d, t. Tout ce que nous avons dit de la marche des blancs dans le coin gauche supérieur du quadrilatère, s'applique symétriquement aux autres coins.

Peut-être nos explications semblent-elles un peu longues; mais toute règle de jeu doit être bien nette, et nous tâcherons de la formuler d'une façon plus précise encore. Tout pion blanc peut descendre verticalement, quand il est en haut du tableau, monter verticalement quand il est en bas, tant qu'il n'arrive pas à la limite du rectangle horizontal médian. Enfin, quand il est placé à gauche de la croix, il ne peut se déplacer que de gauche à droite, soit obliquement, soit horizontalement; de même un pion placé à droite ne peut le faire que de droite à gauche, et le retour sur ses pas lui est interdit. Faisons remarquer, d'une façon générale, que le pas d'un pion se fait toujours d'un sommet à un autre sommet d'angle droit. Il ne faut pas oublier de mentionner que tout pion blanc parvenu à la croix n'a plus le droit d'en sortir, jouissant du reste de la faculté de s'y promener en tous sens, suivant les diagonales ou les côtés des carrés, mais en faisant un pas seulement à chaque coup.

Voyons maintenant la marche des pions noirs. C'est assez simple : il leur est permis de se promener partout et dans tous les sens, pas à pas, mais avec cette restriction fort importante que les lignes pointillées leur sont interdites formellement, soit pour passer simplement, soit pour prendre. Car, au contraire des blancs, ils prennent : c'est leur grand moyen de défense, nécessaire en égard à leur petit nombre. Il prennent du reste comme les dames, en sautant par-dessus le pion à prendre, mais les lignes pointillées gênent leurs exploits, et, par exemple, un noir placé en y ne pourra pas prendre un

blanc en *u*, parce qu'il lui faudrait parcourir la ligne *um pointillée*. Quand il y a plusieurs blancs en prise, le noir doit les
prendre tous, et comme le droit de souffler n'existe pas, ainsi
que cela se pratique aux dames, le joueur tenant les blancs a
le droit de *forcer* son adversaire à prendre; d'ailleurs si celui-
ci peut prendre de diverses manières il a le choix.

En résumant un peu toute cette réglementation un peu
compliquée, nous rappellerons la règle de marche des blancs,
l'impossibilité pour les noirs de suivre des lignes pointillées,
et enfin la nécessité pour chacun de ne faire qu'un pas à la
fois et de suivre les voies frayées, diagonales quand il y en a,
ou côtés rectangulaires.

Les chances des noirs et des blancs étant égalisées, chacun
des joueurs prend alternativement l'une ou l'autre couleur.
Enfin, si les noirs sont cernés, la partie est nulle.

L'inventeur du *quadrilatère stratégique* vend un appareil
fort élégant de cartonnage et de jolis pions en buis; mais on
joue parfaitement sans toute cette complication, et on joue
d'une façon fort agréable. Aussi croyons-nous que nos lecteurs
nous sauront gré de leur avoir indiqué un jeu des plus
attrayants, autant pour les grandes personnes que pour les
enfants.

CORDES VIBRANTES

A se promener dans les boutiques de jouets, il est bien
rare qu'on ne trouve point quelque application originale
d'un principe scientifique : c'est à ce titre qu'il est curieux de
signaler un petit jouet, bien modeste pourtant, qu'on appelle
Bourdon chanteur, et qui constitue une application bien simple
des corps vibrants et sonores.

Voici une mouche, un gros bourdon découpé de profil dans
une feuille de carton un peu fort : on voit le bourdon volant,

mais, comme il est de profil, on ne lui voit qu'une aile au-dessus de son corps allongé. On passe autour du petit animal de carton, mais dans le sens de sa longueur, un anneau de caoutchouc comme on en emploie partout pour attacher les petits paquets. Il doit être de dimensions telles qu'il soit assez étiré et aminci dans cette position; le corps de la mouche se courbe un peu dans le sens de sa longueur, et sur une des faces, par exemple derrière le carton, le caoutchouc ne touche pas la mouche, tout en étant bien tendu et en pouvant vibrer. Un fil est passé dans la tête du bourdon et si, en prenant ce fil en main par son extrémité, on fait tourner vivement la mouche à la façon d'une fronde, le caoutchouc vibre comme une anche d'instrument, la mouche chante, sous le frottement de l'air. Pour changer le son de ce chant, on n'a qu'à augmenter ou diminuer la tension du caoutchouc et la vitesse de rotation imprimée au jouet.

Voilà un petit appareil de démonstration physique à la portée de toutes les bourses.

CORDES VIBRANTES
ET VIOLON DE DEUX SOUS

LA partie de la physique intitulée « acoustique » est certainement un des sujets d'étude les plus intéressants; mais elle a le tort de nécessiter des instruments qui sont loin d'être entre toutes les mains. Si, par exemple, on veut faire des expériences sur les cordes vibrantes, il faut d'abord posséder des cordes spéciales; mais cela ne suffit point, et, pour pouvoir les mettre en vibration dans les meilleures conditions possibles, il faut les tendre sur une caisse de résonance en les faisant porter sur un chevalet. En un mot, il faut se procurer un instrument à cordes, violon ou autre, et un musicien ne vous prêtera pas volontiers son violon, ne le jugeant pas en assez bonnes mains. Eh bien ! notre intention est précisément de donner à nos lecteurs le moyen de se fabriquer un violon d'expérience, sur lequel ils pourront du reste se donner ensuite à eux-mêmes un petit concert, et cela pour la modeste somme de dix centimes,... deux sous.

Quand une corde est tendue entre deux points, on peut en tirer des sons en la faisant vibrer; ainsi on lui imprimera des vibrations transversales en la pinçant, comme on le fait dans une harpe, une mandoline, ou en la frottant comme pour un violon. Le nombre des vibrations et le son que rend la corde varient suivant qu'elle est plus longue et qu'elle est plus tendue, et cela d'après une loi mathématique qu'il serait fastidieux d'exposer ici. Or, tous les instruments à cordes sont fondés sur l'emploi des cordes vibrant transversalement, aussi bien le piano que la mandoline, la vielle ou le violon. Nous ne nous occupons ici que du violon, et nous ne ferons pas l'injure à nos lecteurs de supposer qu'aucun d'eux ignore quelle est l'apparence générale d'un violon. On sait que l'intérieur du violon est creux, que c'est une vraie boîte, ce qui constitue la caisse *de résonance*, dont nous avons prononcé tout à l'heure le nom. Quant à l'utilité de cette caisse, son nom la fait comprendre : lorsque la corde vibre, elle transmet ses vibrations à toutes les parois de la caisse ainsi qu'à l'air contenu dans cette caisse, et de ce fait les vibrations et le son se trouvent considérablement renforcés.

Dans la fabrication que nous allons entreprendre, il faudra donc chercher de quoi faire la caisse de notre violon. Je vous avouerai d'abord franchement que mon expérience dans le métier difficile de luthier ne me permet pas néanmoins de donner à ma boîte la forme classique, mais un peu contournée des caisses ordinaires des violons. Je me contenterai, et vous aussi, je l'espère, d'une boîte rectangulaire : les sons n'en seront pas beaucoup plus mauvais, si l'apparence en est moins élégante. Pour me procurer cette première partie essentielle de mon instrument, je m'en irai acheter chez la marchande de tabac une boîte vide ayant contenu cinquante cigares dits *Londrecitos*; certainement un autre type de boîte remplirait aussi bien le même rôle au point de vue du succès final, mais elle donnerait moins à notre violon l'allure d'un violon véritable.

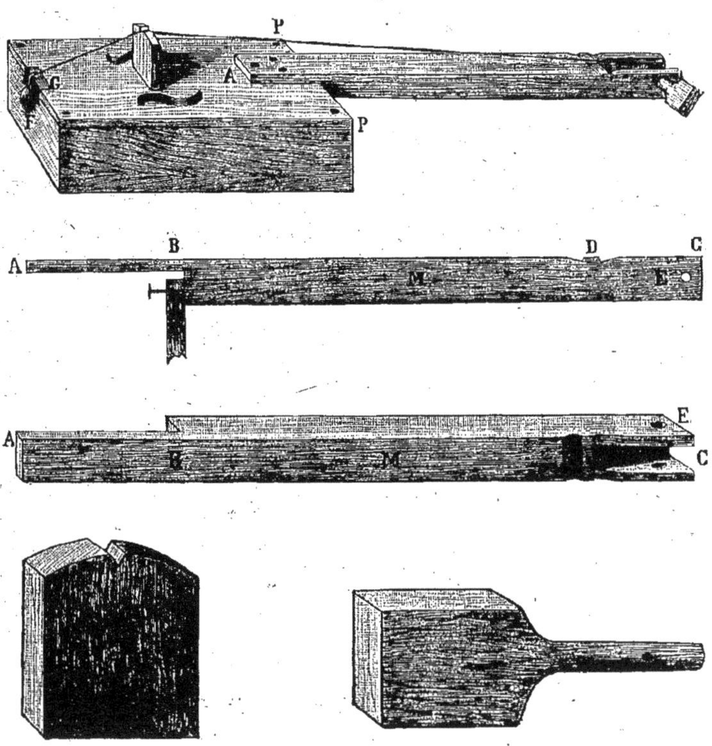

Le violon de deux sous et les détails de sa construction.

Après cette dépense de deux sous, nous n'aurons plus rien à débourser, car je suppose bien que vous trouverez n'importe où ce dont nous aurons besoin.

Nous séparons le couvercle de notre petite caisse, et, au moyen d'une petite scie à découper ou d'un couteau, nous pratiquons deux entailles, vers le milieu et de chaque côté de la ligne qui partage le couvercle par moitié dans le sens de sa longueur ; ces entailles ont la forme grossière d'un S. C'est la forme qu'on adopte en général pour les violons ; mais ces ouvertures pourraient avoir un tracé quelconque ; elles ont principalement pour objet de laisser sortir de la caisse l'air en vibration.

Avant de fermer notre boîte, nous allons fabriquer et mettre en place notre manche M. Dans notre gravure nous le voyons figuré à une échelle assez forte et dans deux positions, vu de face et vu de côté, au-dessous de la partie de gravure qui représente le violon dans son ensemble. Pour le faire, nous trouvons aisément un morceau de bois blanc, long de 26 à 27 centimètres, large de 2 centimètres et demi à peu près, épais de 1 centimètre et demi et équarri. En B nous donnons un coup de scie bien perpendiculaire, à une distance de 5 centimètres environ du bout A de ce manche ; nous faisons sauter le bois ainsi détaché, autrement dit nous entaillons notre manche de façon à ne lui laisser de A en B qu'une épaisseur minime, de 4 à 5 millimètres, suffisante pour empêcher toute fracture. A l'autre extrémité, de D en C, nous creusons une autre entaille en pente, un plan incliné assez profond, un évidement de 5 à 6 millimètres de creux, large de 1 centimètre, et laissant par suite, de chaque côté, une bordure où le bois a été épargné. Si ces explications minutieuses semblent un peu difficiles à suivre pour nos lecteurs, nous pensons qu'elles deviendront très claires avec l'aide de notre gravure. On y verra notamment qu'en D on ménage une nervure de chaque côté de laquelle deux petites coches sont entaillées : comme nous l'expliquerons tout à l'heure, cette nervure constituera un des deux points d'appui de la corde, l'autre étant fourni par le chevalet.

Nous n'en avons pas fini avec le manche, qui est la partie délicate de l'instrument. Prenant un clou aussi gros que possible que nous faisons rougir au feu, nous l'entrons en E, en travers du bout du manche, de manière à ce qu'il traverse l'évidement creusé tout à l'heure ; si cela est utile, nous nous y reprenons à plusieurs fois, faisant rougir à nouveau notre clou jusqu'à ce qu'il traverse de part en part. Voici le trou où entrera la cheville qui doit nous servir à tendre la corde. Cette cheville n'est pas difficile à fabriquer. Nous la voyons représentée, dans des proportions plus grandes que le dessin du violon, à droite, en bas de notre gravure : c'est simplement un petit morceau de bois plat, long de 4 centimètres ou plus exactement assez long pour traverser par sa portion pointue toute la largeur du manche, et pour former en outre une partie plate par laquelle on puisse le tourner. Il doit entrer à frottement dur dans le trou percé tout à l'heure, par la partie aiguisée en pointe telle que l'indique le dessin; en plus, vers le milieu de cette portion, nous perçons, avec un fil de fer rougi, un petit trou par où passera la corde.

Mettons maintenant le manche en place. Pour cela nous le plaçons portant par l'entaille faite en B sur la paroi PP de la caisse, de façon cependant à pouvoir tout à l'heure glisser le couvercle sous le prolongement mince BA; puis, avec un ou deux clous piqués dans l'intérieur de la boîte, et comme l'indique la figure qui représente le manche vu de côté, nous fixons en partie ce manche.

Nous plaçons ensuite verticalement dans la boîte (en le clouant dans le fond) un petit morceau de bois juste de la hauteur de cette boîte, et de manière qu'il vienne supporter le couvercle quand il sera placé, entre les deux ouvertures en S : c'est lui qu'on nomme l'âme du violon; il soutient les parois et transmet les vibrations d'une des faces à l'autre.

Nous pouvons maintenant glisser le couvercle en place, sous le prolongement du manche. Nous clouons celui-ci à cette planchette au moyen de quelques clous en A; et, de même, nous fixons encore le couvercle aux côtés de la caisse.

Il ne nous reste qu'à tailler un chevalet, morceau de bois plat de la forme indiquée par notre gravure, en y faisant une entaille par où passera la corde. A ce propos, remarquons que nous ne ménageons qu'une seule entaille, de même que nous n'avons placé qu'une seule cheville; c'est que nous ne prenons la peine que de faire un monocorde; mais le système serait le même, seulement un peu plus compliqué, pour mettre deux, trois, quatre cordes; il faudrait notamment deux, trois, quatre chevilles.

En F (voir la figure d'ensemble), nous piquons un clou doré de tapissier auquel nous fixons par un nœud notre corde, une petite ficelle résistante; en G nous disposons, sur la tranche de la boîte, une petite lame de fer-blanc ou plusieurs épaisseurs de papier d'étain, pour que la corde n'entre pas dans le bois. Nous passons cette corde sur le chevalet, dans la coche, puis dans le trou de la cheville, et nous tournons celle-ci jusqu'à ce que la corde soit tendue et rende un son net, le chevalet étant, bien entendu, posé debout entre les deux ouvertures en S.

Vous voilà, pour deux sous, muni d'un instrument à corde avec lequel vous ferez de nombreuses expériences, le son obtenu en pinçant la petite ficelle variant selon que vous tournez, détournez la cheville ou déplacez le chevalet. Si vous ne craignez pas de vous induire en dépense, vous pouvez acheter une vraie corde à violon, qui rendra des sons plus agréables et, muni d'un archet, vous ferez concurrence à Paganini, sur un monocorde, comme lui, mais avec un instrument quelque peu primitif.

UN TOUR DE FICELLE

Nous serions fort souvent trompés par nos sens, si notre intelligence, notre raisonnement ne venaient pas rectifier les impressions qu'ils nous font percevoir; nous sommes constamment victimes d'illusions, quand nous nous arrêtons aux apparences, et nous voudrions encore aujourd'hui en donner un exemple, aussi curieux qu'amusant, qui permettra à nos lecteurs de se divertir innocemment aux dépens de leur prochain.

Pour mener à bien notre expérience, il nous suffira d'une ficelle ou d'une cordelette : la grosseur importe assez peu à l'affaire ; ce qu'il faut, c'est qu'elle ne soit pas neuve, qu'elle ne sorte pas de la pelote, afin qu'elle ne garde pas cette ten-

Les deux dispositions de la ficelle.

dance déplorable à se tortiller et à se mettre en cercle. A défaut de vieille ficelle ayant perdu ce pli, on peut en employer une qu'on aura laissée tremper dans de l'eau et séchée ensuite. Ici elle doit avoir environ 2 mètres de long pour que l'illusion soit complète.

J'en saisis les deux extrémités libres, entre le pouce et l'index de la main gauche, et je contourne ensuite la cordelette de façon qu'elle affecte exactement, en formant trois boucles, l'aspect de la figure n° 1. Si cela m'est plus commode, je contourne la corde à plat sur une table, et c'est seulement quand les trois boucles sont faites que je saisis les deux extrémités libres, que j'appelle A et B, comme l'indique notre gravure. De toute façon, il faut toujours que la corde soit disposée sur une surface plane pour que les boucles gardent leur forme.

Je prie alors un spectateur quelconque de poser le bout de son doigt au milieu de ces volutes, de manière qu'il m'empêche de retirer la ficelle, et que celle-ci reste prise autour de son doigt. Sans hésitation il le posera en O, convaincu qu'il va réussir à faire ce que je lui demande : je tire à moi la cordelette, et il est tout étonné de voir que son doigt ne l arrête nullement, qu'il avait mal pris ses mesures, et qu'il était en dehors du cercle formé par la cordelette dont je tiens les deux bouts dans ma main.

Recommençons l'expérience. Je dispose à nouveau ma ficelle sur la table, mais cette fois suivant la figure n° 2 : là encore nous retrouvons trois boucles formées par les deux brins A et B s'entrecroisant. Au contraire de tout à l'heure, demandons au même spectacteur de chercher, au milieu de toutes ces boucles, un endroit où il puisse poser le bout de son doigt sans que cela m'empêche en rien d'enlever la ficelle, de la tirer à moi, et sans qu'elle vienne entourer son doigt. Il se souvient de son malheureux essai de tout à l'heure, et comme, dans le premier cas, il n'a pas retenu la ficelle en plaçant son doigt en O, il est bien sûr qu'il ne la retiendra pas davantage en le replaçant en O, et que cette fois il arrivera à remplir la condition qu'on lui impose.

C'est ce qu'il fait : il place triomphalement son doigt en O..., je tire, et il se trouve le doigt pris! On comprend donc immédiatement que j'avais modifié du tout au tout les boucles que je faisais décrire à ma ficelle. Examinons donc quelle est la disposition de ces boucles dans les deux cas successifs.

Dans la figure n° 1, nous apercevons la portion A se recourber, puis venir se couper elle-même en *a*, au-dessus du point central O; elle coupe ensuite la portion B, décrit une courbe à droite, et rejoint la portion B, qui de son côté a formé une boucle en se croisant sur elle-même en *b*, au-dessous du point central O. Si on regarde d'un peu près, que, par la pensée par exemple, on tire un peu à soi le bout A, on voit tout de suite qu'il n'enserre nullement le bout du doigt du spectateur ; de même si l'on tire le bout B. En un mot le point O est totalement en dehors des méandres de la corde, et ce n'est que par une illusion que tous ces tours et détours de la ficelle nous en font juger autrement.

La disposition n° 2, qui semble tout d'abord identique à la figure n° 1, est complètement différente. En effet, le bout A vient se recourber et se croiser en *a* au-dessous du point central O ; il rejoint le bout B, qui de même se croise sur lui-même en *b*, au-dessus du point central O : les rôles sont donc changés. Et si, une fois prévenu, on y regarde de près, on voit qu'en effet le point O et le bout du doigt du spectateur de bonne volonté se trouvent bien à l'intérieur de la courbe formée par la ficelle. Mais, à première vue, les deux figures, loin de différer sensiblement, se ressemblent beaucoup : il y a toujours deux boucles à gauche, une à droite, et cette espèce de quadrilatère dont O est le centre. Notre spectateur tout naturellement s'y laisse prendre ; les deux figures lui ont paru identiques, et il devait légitimement penser que les choses se passeraient de même, son doigt étant posé en un même point.

C'est là une petite expérience vraiment curieuse, qui réussit toujours quand on ne s'adresse pas à des personnes prévenues. Pour en assurer le succès, il est bon de savoir disposer la cordelette assez peu ostensiblement, afin que les spectateurs ne voient pas le soin qu'on met à faire croiser les boucles de telle manière. Il faut en outre que la ficelle employée soit d'une bonne longueur, deux mètres à peu près, comme nous le disions ; autrement on pourrait s'apercevoir, dans la figure n° 1 que le point O est en dehors des boucles de la corde.

NOUVELLES ILLUSIONS D'OPTIQUE

Nous avions dit antérieurement que nous reviendrions sur la question des illusions d'optique, et nous y revenons en effet, estimant que c'est là un terrain où se rencontrent la psychologie et la physiologie, une matière où les surprises les plus curieuses nous attendent, sans que, le plus souvent, nous y puissions trouver une explication. Cette recherche si malaisée de la raison de ces illusions, nous n'avons point la prétention de la poursuivre jusqu'au bout; mais nous croyons intéresser nos lecteurs par l'exposé même des phénomènes dont il s'agit, et les mettre sur la voie d'observations curieuses.

La première de ces illusions est celle que représente la figure 1 de notre gravure : elle a été signalée, il y a quarante ans, par Zöllner : c'est ce que l'on nomme la pseudoscopie de Zöllner. En réalité, et c'est ce dont on peut s'assurer au moyen d'un décimètre ou plus aisément d'une équerre, les quatre lignes A A′ A″ et A‴ sont bien parallèles; et, malgré tout, votre première impression et même votre seconde, et votre troisième, en dépit de toute constatation, seront que ces quatre droites sont convergentes par paires, autrement dit que B et B′ sont plus proches que A et A′, de même que A′ et A″ sont à une distance moindre que B′ et B″. La cause en réside simplement dans la série de petites obliques, parallèles entre elles, coupant les horizontales : la preuve est que, si vous tracez d'abord vous-même sur une feuille de papier les quatre horizontales, elles garderont leur apparence de parallélisme jusqu'au moment où vous aurez mené les obliques. D'ailleurs vous pouvez simplifier l'opération en ne traçant que deux parallèles : cela n'empêchera pas l'illusion de se produire. Vous avez aussi la faculté de donner à la figure l'aspect du n° 1 bis de notre gravure : ici les obliques se réunissent entre les deux horizontales, formant comme une série de ces chevrons qui ornaient autrefois les manches

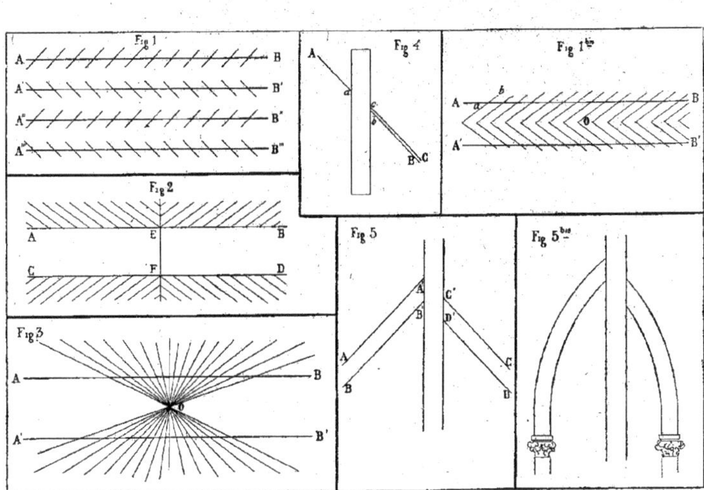

Quelques exemples d'illusions d'optique.

des soldats rengagés. Il n'est pas, du reste, nécessaire que
les obliques coupent les horizontales : elles peuvent simplement être tracées, les unes au-dessus, les autres au-dessous
respectivement des lignes A B et A′ B′; la déviation n'en sera
pas moins toujours la même.

Nous hasarderons-nous à offrir une explication de cette
curieuse bizarrerie? ce serait bien hardi, car des savants,
M. Delbœuf, M. Ch. Brunot, et plusieurs autres, fort experts
en la matière, ont apporté des opinions qui semblent également bonnes quand on les envisage isolément, et qui sont
cependant toutes contradictoires. D'après M. Brunot, quand
l'œil regarde la figure 1 bis (nous prenons celle-ci pour plus
de simplicité), il se porte naturellement vers le centre, en O
par exemple : la partie supérieure des obliques coupant A B
paraît tomber vers la droite, et l'œil en conclut tout bonne-
ment que la droite AB suit l'ensemble du mouvement, son
extrémité B se rapprochant par suite de B′, et le point A
s'éloignant au contraire de A′. Dans la figure 1, c'est le
contraire exactement qui se produit entre les horizontales A′
B′ et A″ B″, tout simplement parce que les obliques coupant
la première de ces droites sont inclinées vers la gauche et
font pencher en apparence A′ B′ dans le même sens.

Pour d'autres physiologistes, ce phénomène serait le
résultat des angles sur notre vision : d'après eux la direction
des côtés d'un angle est toujours déviée vers l'intérieur de cet
angle, autrement dit un angle nous paraît toujours moins
ouvert qu'il ne l'est en réalité, et cela serait vrai surtout pour
les angles obtus. Pour prendre un exemple dans notre figure
1 bis, la ligne A B paraît pencher à droite et relever à gauche
parce que dans l'angle A, a, b, pour en citer un, le côté Aa
est tiré vers l'intérieur de l'angle; pour notre œil il n'est plus
dans sa position réelle, et cet effet se renforçant encore par
la série d'angles formés par les obliques a A, B, nous arrivons à percevoir, au lieu d'une horizontale parallèle à A′ B′,
une droite inclinée vers la droite. N'insistons point, car nous
n'arriverions pas à un éclaircissement définitif, et nous
serions importun pour beaucoup de nos lecteurs. Peut-être, du

reste, les différentes explications ont-elles chacune une part de vérité.

Toujours est-il que notre figure 2 fournit un cas particulièrement original : comme on le voit du premier coup d'œil, cette figure est disposée en deux parties symétriques, les obliques ayant dans chacune une direction tout opposée à celles qu'elles prennent dans l'autre; les deux moitiés des deux droites A B et C D, pourtant parallèles, se dévient dans des sens opposés. La portion E B, par exemple, penche à droite, suivant le mouvement des obliques inclinées de ce côté; au contraire, et pour une raison analogue, la portion A E penche à gauche. On peut varier de diverses façons les figures que nous avons tracées, et, par exemple, créer une disposition pour ainsi dire inverse de celle de la figure 2 : les obliques seraient disposées comme dans le n° 1 bis, mais symétriquement dans les deux demi-figures, c'est-à-dire que la série de gauche des chevrons regarderait par sa concavité la concavité des chevrons de droite, et les lignes véritablement parallèles divergeraient de part et d'autre.

Nous ne pouvons résister au désir de présenter une disposition qui n'est en somme qu'inspirée des mêmes principes que les précédentes, mais qui présente le résultat le plus étrange (fig. 3). Nous menons les deux parallèles A B et A' B'; puis d'un point O pris entre ces deux horizontales, nous traçons d'abord une perpendiculaire commune, et ensuite toute une série d'obliques également communes et comme rayonnant de ce point O, qui viennent couper les deux parallèles. De même que tout à l'heure, la partie droite de A B s'abaisse, celle de A' B' se relève; un phénomène analogue et symétrique se produit pour les moitiés gauches. Ce qui est le plus remarquable, c'est que l'action s'accentue davantage, la déviation s'exagère, à mesure qu'on s'éloigne du centre, si bien que finalement les deux droites que nous sommes pourtant sûr d'avoir tracées parallèles, prennent l'aspect des deux courbes continues se regardant par leur concavité.

Nous pourrions multiplier les exemples : nous en arriverions toujours à cette conclusion psychologique que nos sensations sont toutes relatives, que nous ne pouvons pas juger de la direction des lignes indépendamment des angles qu'elles forment. Si, par exemple, suivant la figure 4, nous traçons la ligne oblique A *a*, puis son prolongement *b* B, de l'autre côté du rectangle, nous sommes tout surpris de voir que ce prolongement, qui est bien en ligne droite avec A *a*, ne semble nullement l'être, et que la ligne *c* C, paraît constituer le véritable prolongement de A *a*, tout en ne l'étant pas.

On comprend combien de pareilles illusions peuvent avoir d'importance, en architecture notamment, en donnant l'apparence de l'inexactitude à des choses qui ont le tort d'être trop exactes. Nous en citerons un exemple pour finir. Considérons la figure 5 : si je vous disais que les lignes A A′ et C C′, B B′ et D D′ se rencontrent respectivement sur la verticale de gauche, vous me ririez au nez, et vous m'affirmeriez que les obliques de droite viennent couper cette verticale bien au-dessous de l'extrémité de chaque oblique gauche correspondante. Là encore votre œil vous trompe, car, avec l'aide d'une règle, vous vous convaincrez que mon affirmation était fondée. Il est un cas bien simple où cette illusion produira en architecture le plus disgracieux effet de manque d'équilibre : ce cas est illustré par notre figure 5 bis. Si une ogive est coupée par un fût de colonne, de pilier, les deux portions de cette ogive ne sembleront plus se réunir, l'ogive ne se fermera plus, et cela produira une impression des plus désagréables.

Ce sont des observations qu'on peut faire dans la vie de chaque jour : elles nous éclairent sur la confiance relative que nous devons avoir en nos sens, et, mêlant l'agréable à l'utile, elles réservent les surprises les plus étonnantes à ceux qui ne les ont pas pratiquées.

A TRAVERS UN MORCEAU DE CANEVAS

LES objets les plus simples peuvent permettre de faire des *observations physiques* bien curieuses. Prenez, par exemple, deux morceaux de canevas à tapisserie ordinaire et coupés de même dimension exactement, puis superposez-les en les regardant à la lumière. Il se peut, si les petits carrés du canevas coïncident, que rien d'intéressant ne se produise; mais faites glisser l'un des morceaux sur l'autre, et immédiatement vous voyez apparaître une série de figures, de dessins variés : tantôt en effet la sensation lumineuse sera celle que donne une étoffe moirée, tantôt vous verrez quatre taches blanchâtres séparées par deux lignes sombres se croisant à angle droit. Ces taches et ces lignes se déplaceront suivant les mouvements du canevas : souvent aussi elles se multiplieront et l'on aura l'impression d'un damier. Il est impossible d'indiquer toutes les figures qui se produisent, mais il est facile de les trouver. On comprend du reste que ces effets sont causés par les fils ou les trous des deux morceaux de canevas qui se superposent de différentes façons.

〜〜〜〜〜〜〜〜〜

CRISTAUX ET CRISTALLISATION

LA chimie parait quelque peu aride et ingrate quand on y débute, mais on s'aperçoit bien vite de l'intérêt qu'elle présente, et, ce qui a bien son avantage, on constate qu'avec les moyens les plus simples, avec les substances les plus communes, on peut se livrer à des expériences fort curieuses et pittoresques en la matière. Nous allons en donner quelques exemples, que nous espérons être convaincants, en faisant appel à des produits que n'importe qui peut obtenir pour une somme bien minime chez le premier pharmacien ou herboriste venu.

Notre titre parle de cristaux et de cristallisation, encore faut-il savoir ce que sont cristaux et cristallisation. Quand un corps liquide ou gazeux passe à l'état solide, il affecte généralement des formes géométriques, régulières, terminées par des faces planes et parallèles deux à deux, formes qu'on nomme précisément des cristaux. On vous a certainement montré parfois des pierres contenant du carbonate de chaux, sorte de substance à peu près translucide qui se présente justement sous cette forme de cristaux. Faisons une petite expérience qui tient au moins autant de la cuisine que de la chimie; faisons des sucres d'orge. Ici nous ramenons un corps, le sucre, de l'état liquide à l'état solide, nous devrions donc produire des cristaux, et cependant nous ne pouvons constater rien de tel. Nous avons beau regarder de fort près un bâton de sucre d'orge, nous n'y voyons rien qui ressemble à ces formes géométriques dont nous parlions à l'instant. Mais patientons un peu, modérons notre gourmandise, en mettant de côté un bâton de sucre d'orge, et gardons-le quelques jours. Vous avez sans doute maintes fois constaté qu'un sucre d'orge qui attend ainsi perd de sa limpidité, qu'il se forme à sa surface une couche peu adhérente et opaque. En effet, il était à l'état vitreux et translucide, c'était un corps *amorphe*, suivant le terme qu'on emploie pour désigner ceux qui ne se présentent pas sous forme de cristaux, et cela parce que le sucre avait refroidi brusquement. Mais c'est un état qui ne durera point; peu à peu la cristallisation commence et se produit dans toute la masse.

En somme, en fabriquant notre sucre d'orge, et bien entendu en le laissant ensuite se transformer définitivement avec lenteur, nous avons pratiqué un des procédés classiques de cristallisation, la cristallisation par fusion. Examinons rapidement les quatre procédés possibles, en leur faisant produire les résultats les plus intéressants, les plus gracieux parfois.

Voici d'abord deux procédés *par voie humide* : c'est-à-dire

que nous avons un corps dissous dans un liquide et passant à
l'état solide, se formant en cristaux au sein même du liquide.

Dans un premier cas, ce résultat est obtenu par évaporation
du liquide; c'est ce qui se passe notamment dans les marais
salants. L'eau de mer arrive chargée de chlorure de sodium
ou sel marin, elle reste exposée à la chaleur du soleil, dans
des espèces de réservoirs où elle est en faible épaisseur, et il
arrive un moment où le chlorure de sodium se trouve en assez
grande abondance dans cette eau pour se rassembler en petites
masses, en cristaux, que tout le monde connaît bien, puisque
ce sont eux qu'on rencontre dans le gros sel de cuisine. Nous
pouvons imiter cette cristallisation sur une petite échelle.
Prenez de ce même gros sel, pilez-le et mettez-en une bonne
quantité dans dans une cuillerée d'eau au fond d'un verre; peu
de temps après la cristallisation commencera de se refaire.
Dans cette eau saumâtre, mettez baigner un fil à coudre ou
un brin de laine; au bout de deux à trois heures retirez-le de
la saumure, placez-le dans une assiette où il séchera, et
quand il sera sec mettez-y le feu par un bout, tandis que vous
le tiendrez entre deux doigts par l'autre. Il brûlera complètement, mais, à votre grand étonnement, il ne tombera point
en poussière et gardera son apparence de fil continu; bien
plus même, vous auriez pu y pendre une petite bague légère,
et, après combustion, il aurait continué de soutenir ce poids.
C'est que, une fois retiré de l'eau salée, le fil a vu la cristallisation du sel commencer entre ses fibres par suite de la
dessiccation, autrement dit des cristaux de sels s'y sont
déposés et enchevêtrés, et ce sont ces cristaux ainsi enchevêtrés les uns dans les autres qui soutiennent le poids de la
bague et gardent au fil son apparence. C'est là une expérience
qui rend bien sensible le phénomène de cristallisation par
évaporation, et qui, en outre, permet d'étonner grandement
ceux qui ne savent pas à quelle préparation préalable ce fil a
été soumis.

Mais voyons une autre expérience qui peut donner le
résultat le plus gracieux.

Achetons chez le pharmacien dix centimes d'alun en poudre,

qui a l'apparence d'une farine où l'on ne voit pas de cristaux;
puis, dans un verre que nous avons chauffé peu à peu pour
ne point le faire craquer, versons de l'eau très chaude, presque
bouillante, et dissolvons-y autant que nous pouvons d'alun,
jusqu'au moment où il y aura saturation, c'est-à-dire où la
substance ne fondra plus. L'alun est plus soluble à chaud
qu'à froid, autrement dit, dans cette quantité d'eau chaude
que nous avons dans notre verre, il s'en dissoudra beaucoup
plus qu'il ne s'en dissoudrait dans la même quantité d'eau
froide. On comprend que, par une conséquence naturelle,
quand l'eau va se refroidir, une bonne portion de l'alun ne
pourra rester en dissolution, fondue dans l'eau. En effet, au
fur et à mesure du refroissement, nous voyons une partie du
sel se déposer en cristaux; nous avons employé l'appareil le
plus simple, un humble verre à boire, et le fond en est recou-
vert d'une couche assez épaisse de beaux octaèdres transpa-
rents et scintillant au soleil.

Mais donnons une manière plus pittoresque de pratiquer
cette expérience. Quand la dissolution d'alun est faite dans
l'eau chaude, prenons quelque petit objet en fil d'archal et
recouvrons le fil métallique de brins de laine; si nous retirons
ce petit objet du liquide quand la dissolution est refroidie et
la cristallisation faite, nous sommes charmés en apercevant
toute la surface des brins de laine recouverte d'une couche
de petits cristaux brillants, serrés les uns contre les autres et
faisant comme un givre scintillant.

Indiquons même un moyen plus gracieux encore de conduire cette expérience de chimie. Prenons une branche de
fleurs artificielles, myosotis, violettes, en étoffe comme toutes
ces fleurs; entourons les tiges de brins de laine pour permettre
aux cristaux de s'y mieux accrocher, et laissons tremper cette
branche dans une dissolution faite comme nous l'avons dit.
Au bout de la journée, nous pourrons la retirer, et nous verrons feuilles, fleurs, tiges, recouvertes de mille petits dia-
mants se pressant les uns contre les autres. C'est ce que notre
gravure ne peut rendre que bien imparfaitement, et ce qu'il
est bien facile de reproduire.

Tout ceci, c'est la cristallisation par refroidissement. Mais on peut produire la cristallisation par *voie sèche* et de deux manières. La première est la fusion; c'est en somme celle qu'on emploie quand on fait des sucres d'orge; vous pourriez aussi faire fondre pour deux ou trois sous de soufre dans une

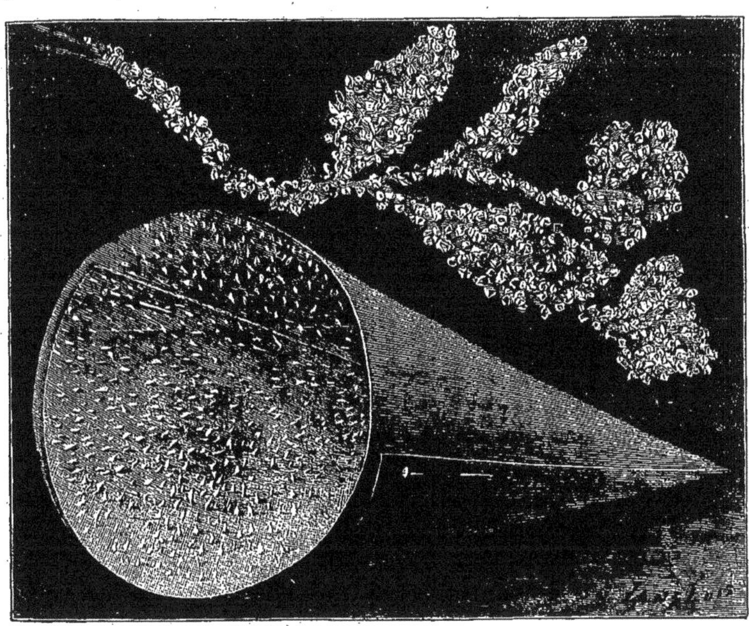

Expériences sur la cristallisation.

casserole, le laisser commencer à refroidir, puis percer la croûte et faire écouler ce qui reste de soufre liquide. Quand tout est froid, en enlevant la croûte superficielle, on trouve intérieurement de longs cristaux jaunes en aiguilles. Mais je veux surtout vous indiquer le dernier des procédés de cristallisation, celui qu'on appelle par *sublimation*.

Procurez-vous une petite casserole de huit à dix centimètres de diamètre; je vous dis tout de suite qu'elle doit être considérée comme à peu près sacrifiée. Préparez ensuite avec du carton bristol un cornet que vous fixez avec quelques épingles et surtout avec de la cire à cacheter, qui vous sert à en boucher hermétiquement la pointe. Faites ce cornet de façon à ce qu'il puisse s'adapter sur la casserole et la fermer aussi hermétiquement que possible, sans qu'on ait besoin de l'enfoncer beaucoup; par conséquent coupez tout le carton inutile. Achetons maintenant nos produits, qui ne sont pas très compliqués; d'abord deux ou trois boules de naphtaline, ce produit dérivé du goudron, et qu'on vend sous la forme de petites boules blanches ressemblant à du camphre, pour protéger fourrures et lainages des attaques des insectes; en outre un ou deux sous de bismuth en poudre. Mettez-vous dehors et faites votre expérience en plein jour, non pas qu'il y ait danger d'explosion, mais simplement parce qu'il faut être prudent et que la naphtaline pourrait se mettre à brûler dans votre casserole. Si cela se produisait par hasard, ne craignez rien, il n'y a aucun danger : laissez flamber le tout, le seul inconvénient étant qu'il faudrait recommencer l'expérience.

Mettez la naphtaline dans votre casserole et posez le tout sur un fourneau qui n'a pas besoin de chauffer beaucoup; en effet cette substance fond à 79 degrés et elle se met à bouillir à 220 degrés, autrement dit presque immédiatement. Nous jetons une pincée ou deux de bismuth dans notre cuisine, que nous coiffons de notre cornet et que nous laissons bouillir. La naphtaline se sublime, ou plus simplement se volatilise en vapeurs, et celles-ci, en frappant les parois du cornet, s'y refroidissent, s'y condensent et, passant de l'état gazeux à l'état solide, se cristallisent. En effet, au bout de 2 à 3 minutes, pendant lesquelles, si notre cornet est bien fait et bien disposé, on n'aperçoit aucune vapeur de naphtaline, nous pouvons retirer notre casserole du feu, soulever notre cornet et en regarder l'intérieur. Nous avons le plus joli spectacle qu'on puisse imaginer; nous voyons toute la paroi interne revêtue de petits cristaux minces, en lames légères, pour la plupart verticaux à la surface du papier, ayant un peu l'apparence de clivages de feuilles de mica, mais présentant toute la gamme des couleurs de l'arc-en-ciel. C'est du reste au bismuth que nos cristaux doivent ses colorations, et le bismuth n'était nullement nécessaire à la réussite de l'expérience en tant que simple production de cristaux incolores.

Nous avons ainsi mené à bien notre essai de cristallisation par sublimation, et nous nous en arrêterons là de notre cours de chimie attrayante.

FROTTEMENT, ROUES ET BILLES

Nous avons, à mainte reprise, eu l'occasion de dire que bien des petits jouets que crée chaque jour l'industrie parisienne sont fondés sur quelque principe scientifique, mécanique ou autre, et ne sont qu'une application simple et ingénieuse d'un de ces principes. La mécanique notamment est largement mise à contribution pour ces inventions spéciales, et l'étude de ces petits jouets présente de ce chef un intérêt tout particulier : on peut, grâce à eux, se livrer à une étude aussi peu aride que possible de cette science.

Cette fois nous voudrions signaler, tout en donnant le moyen de le construire, un petit personnage doué d'une mobilité curieuse.

Pendant quelques mois, on pouvait voir les camelots vendre sur les boulevards une petite poupée, haute d'une dizaine de centimètres, vêtue d'une robe jaune, bleue, verte, faite de ce papier plissé qui fut un instant à la mode pour la confection des abat-jour; elle portait par-dessus une pèlerine d'une couleur voyante, faite de la même étoffe de papier. Quant à sa tête ou plutôt à sa figure, elle était simplement formée d'une petite tête découpée dans une chromolithographie; enfin son couvre-chef, affectant l'apparence des capotes que portent les enfants, n'était également qu'un petit entonnoir de papier plissé formant la pointe par derrière.

La partie supérieure de notre gravure représente cette petite personne vue de face et de profil. Les marchands plaçaient toute une théorie de ces petites poupées sur une planche inclinée, et aussitôt elles se mettaient à glisser rapidement, comme sans toucher la surface sur laquelle elles reposaient. On donnait une autre inclinaison à la planche, et elles revenaient aussitôt sur elles-mêmes ; en penchant successivement et rapidement ce support dans les directions les plus variées, on faisait glisser, revenir, tourner chaque poupée avec une rapidité et une facilité d'évolutions curieuses.

Évidemment cela ne peut s'expliquer que par une disposition spéciale du pied de cette poupée. Si, en effet, nous prenons le jouet en main et que nous le mettions la tête en bas, nous voyons que son socle, qui n'est autre qu'un disque de carton, est percé dans son centre d'un petit trou rond de 9 millimètres de diamètre environ. Par cette ouverture nous apercevons dans le corps de la poupée une balle de plomb, une bille métallique, et si nous remettons la poupée en sa position naturelle, la tête en haut, nous voyons cette bille faire saillie en dehors de quelques millimètres. Tout naturellement, par son poids même, cette balle ou cette bille, comme nous voudrons l'appeler, tend toujours à sortir de la chambre où elle est renfermée, et à faire saillie par la fenêtre circulaire percée dans le disque du carton. Par suite, la poupée ne repose plus en réalité sur sa base de carton, mais sur la bille de plomb. Si elle portait sur sa base, elle ne pourrait glisser que bien difficilement, par suite des frottements ; mais la bille forme une roue universelle, pouvant tourner dans tous les sens, puisqu'elle n'a pas d'axe, et c'est pourquoi la poupée glisse ou plutôt roule si rapidement dans toutes les directions et tourne sur elle-même.

Nous avons parlé de frottement, de roulement : voilà précisément en quoi ce petit jouet nous donne une leçon de mécanique. Chaque fois que deux corps glissent ou appuient l'un sur l'autre, il en résulte un frottement : cela provient essentiellement de ce que les aspérités de l'un des corps s'accrochent aux aspérités de l'autre. Ce frottement est bien souvent un grand bien : sans lui, par exemple, il nous serait impossible de marcher, nous ne pourrions avancer, puisque

Construction d'une poupée mobile.

chacun de nos pieds glisserait à la surface du sol sans pouvoir nous y fournir un appui. Au contraire les aspérités du sol déterminent un frottement bien heureux et nécessaire, sur la semelle de nos souliers. Sans frottement, les cordes n'existeraient pas, car elles ne doivent leur cohésion et leur résistance qu'au frottement de leurs fibres les unes sur les autres. Trop nombreux à énumérer seraient les cas où le frottement joue un rôle non seulement utile mais nécessaire.

Mais, par contre, il est nombre de cas où les frottements sont très préjudiciables : par exemple dans les transports les plus primitifs, quand on traîne à la surface du sol les corps que l'on veut transporter. Cela se présente encore maintenant quand on emploie le procédé de la claie ; mais jadis la claie était le véhicule d'un usage courant. Une amélioration considérable a consisté dans l'adoption des roues, car alors il n'y a plus deux surfaces glissant et frottant l'une sur l'autre : il y a roulement et chacun comprend la différence et l'avantage. Cependant la roue présente encore bien des inconvénients : d'abord elle ne permet d'une façon normale le roulement qu'en ligne droite, et, pour changer le sens de son roulement, il faut la faire pivoter, le frottement devenant intense pendant cette opération. En second lieu, la roue, en son centre, frotte rudement sur son axe, ce frottement étant si fort qu'il entraîne l'échauffement parfois considérable des fusées : il n'y a point là deux surfaces roulant, mais glissant plus ou moins péniblement l'une sur l'autre, et pendant longtemps on n'a pu trouver autre chose, pour améliorer cette situation, que de mettre des lubrifiants. D'un autre côté, pour donner à la roue la possibilité de rouler dans toutes les directions, on l'a montée sur un pivot vertical, comme on l'a fait pour les roulettes des meubles, mais là encore les frottements sont considérables.

La bille, les frottements à billes sont venus modifier tout cela. Aujourd'hui que le cyclisme est à la mode, tout le monde a entendu parler de cycles *à billes partout*, et l'idéal de chacun est d'en posséder un exemplaire : dans les roues de ce système, le moyeu de la roue ne frotte pas directement

sur la fusée, sur l'axe, il y a des billes interposées, et les
résistances sont de ce fait réduites au minimum, car il n'y a
plus que des roulements, au centre de la roue comme à sa
périphérie; les frottements à billes sont du reste maintenant
d'usage courant même dans les grandes machines. On comprend dès lors pourquoi notre poupée roule si facilement
et on voit quel enseignement elle nous donne.

En outre la bille constitue, si l'on peut employer ce terme,
une roue universelle, prête immédiatement à rouler dans
tous les sens, puisqu'elle n'a pas d'axe. Ce système, que
nous employons d'une façon si élémentaire dans notre petit
jouet, est appliqué à un appareil d'un usage courant dans
les usines et manufactures, pour les transports à faible distance; cet appareil est souvent appelé crapaud; c'est simplement une plate-forme massive montée non point sur des
roues, mais sur trois billes logées dans des évidements, qui
lui permettent de rouler très facilement et de tourner dans
tous les sens.

Du reste on peut apprendre parfois à ses dépens combien
les billes peuvent faciliter le déplacement d'un corps à la
surface d'un autre : si, par hasard et par inadvertance, vous
marchez sur une bille comme celles avec lesquelles jouent
les enfants, votre pied ne sentira plus assez de résistance et
d'appui sur le sol, où vous vous étendrez piteusement.

On voit à quelles considérations mécaniques nous a
entraînés ce petit jouet bien simple : c'est donc bien le moins
que nous donnions le moyen de le construire. Avec du carton
assez mince, commencez par faire un petit cône, autrement
dit un cornet, haut de neuf centimètres environ, et dont le
diamètre intérieur à l'ouverture soit de 13 à 14 millimètres;
le bas de ce cône doit présenter des petits prolongements
P, P, P, destinés à le coller sur sa base circulaire. Découpons ensuite deux disques de carton de 3 centimètres et demi
de diamètre : l'un R, est percé d'une ouverture circulaire d,
assez grande pour qu'on puisse y enfiler complètement le
cône jusqu'à ce que les dents P, P, P, touchent à la partie
inférieure du disque à laquelle on les colle. L'autre disque

R' est percé d'une ouverture d' de 9 millimètres de diamètre. Nous introduisons dans le cône une balle de plomb de 11 millimètres de diamètre puis nous collons le disque R' sur R, enfermant ainsi la balle B.

Notre gravure donne, en bas et à droite, la coupe de cette disposition, et à côté se trouve la vue du cône avant le montage. Il ne nous reste plus qu'à vêtir notre poupée. En A nous collons sur le cône une sorte d'entonnoir de papier plissé : c'est la robe. Par-dessus nous fixons un autre entonnoir beaucoup plus court, c'est la pèlerine. Puis au sommet de notre cône nous collons un autre entonnoir de papier fixé à sa pointe par un brin de fil d'archal, comme le montre notre gravure, et s'épanouissant en éventail de chaque côté de l'endroit où sera la figure. Celle-ci, après l'avoir découpée comme nous l'avons dit en commençant, nous la collons dans l'ouverture de la capote et sur la pointe du cornet de carton. Et notre petite poupée est faite : elle pourra rouler à souhait, sans crainte de tomber du reste, car son centre de gravité se trouve placé excessivement bas, comme nous l'avons expliqué antérieurement pour d'autres petits appareils.

LOUPE IMPROVISÉE

Tout le monde sait qu'une bouteille, une carafe remplie d'eau fait parfaitement l'office d'un verre grossissant : d'après ce principe un inventeur a imaginé ce qu'il nomme une *loupe cylindrique*, petit appareil qui permet un grossissement très sensible et peut rendre de réels services. C'est un tube de verre plein d'eau, fermé à ses deux extrémités, mais présentant à chaque bout un petit étranglement suivi d'une boule, pour la commodité du montage : la monture se compose essentiellement d'une tige métallique se ramifiant en deux bras, dont chacun vient former boucle autour du

petit é'ranglement dont nous parlions. Ce n'est du reste pas
malaisé de se construire une loupe de cette sorte : il suffit
de se procurer un morceau de tube de verre droit, de le
boucher à un bout au moyen d'un bouchon, de le remplir
d'eau, puis de boucher de même hermétiquement l'autre
ouverture. Une monture se fixera commodément sur le tube
et l'on pourra sans peine l'immobiliser au moyen de cire à
cacheter.

FLAMME ET COMBUSTION

IL y a un proverbe qui dit qu'il ne faut pas jouer avec le
feu; mais il n'est pas absolument essentiel de le mettre
en pratique quand on veut se livrer à quelques expériences
de physique. Les flammes constituent en effet un sujet d'observations curieuses, elles permettent d'étudier la physique
ou du moins certains phénomènes de physique sans appareil,
et de se rendre parfaitement compte de ce qu'on nomme la
combustion.

Tous les corps qui brûlent ne produisent pas des flammes :
tout le monde sait bien qu'un morceau de fer aura beau être
incandescent, porté à la température la plus élevée possible,
il fondra à un moment donné, mais jamais il ne produira de
flammes. Au contraire, mettons le feu à une mèche de
bougie, à une mèche de lampe, à une feuille de papier : la
combustion sera immédiatement accompagnée de flamme.
Or ce qui produit la flamme, ce sont des gaz qui entrent en
combustion et deviennent lumineux, parce qu'ils sont portés
à une température déterminée, généralement 600 degrés.

Les traités de physique disent que seuls peuvent produire
des flammes les corps susceptibles de se gazéifier sous
l'influence de la chaleur, ou naturellement ceux qui sont à
l'état de gaz.

Allumons une bougie : que se passe-t-il donc? Du moment où nous mettons le feu à la mèche, celle-ci, disons-nous, imprégnée d'un corps gras, décompose en brûlant ce corps gras et produit des gaz qui se combinent avec l'oxygène et donnent de la flamme. Il y a du reste continuité du phénomène, c'est-à-dire production continue de gaz combustible qui se transforme en flamme : la chaleur de ce gaz, en effet, fait fondre le corps gras, la stéarine; celle-ci monte par capillarité dans la mèche et, sous l'influence de la chaleur, donne naissance à un nouvel afflux de gaz.

Examinons de très près la flamme de notre bougie, au risque de nous brûler peut-être quelque peu le nez, et nous y trouverons au moyen d'expériences bien simples, la preuve de tout ce que nous avons avancé.

Comment allons-nous constater l'existence de ces gaz dont nous venons de parler à maintes reprises? A la vérité ce n'est pas précisément en examinant la flamme, mais plutôt en la supprimant. Éteignons notre bougie, ce que nous faisons en soufflant (quitte à expliquer tout à l'heure le bien fondé et l'action véritable de ce procédé couramment et inconsciemment employé); aussitôt s'élèvent de la mèche des vapeurs blanchâtres : ce sont des gaz, et des gaz combustibles. En effet, nous approchons de cette colonne gazeuse une allumette enflammée : aussitôt, et à bonne distance, à quelques centimètres de la mèche, l'allumette, plongée dans la masse gazeuse, y met le feu, ce feu se communique à la mèche en suivant de proche en proche les filets gazeux.

C'est toujours un étonnement, même pour ceux qui sont habitués à la chose, que de voir se rallumer à distance une bougie éteinte, simplement grâce à une allumette qu'on ne met pourtant pas en contact avec la bougie. Cette observation physique peut même servir à réussir un tour curieux de prestidigitation, à l'aide simplement d'un peu d'habileté manuelle. Prenez une bougie, allumez-la et laissez-la brûler un instant de façon à ce que la production des gaz combustibles soit en pleine activité; puis placez dans votre main, et sans qu'on puisse l'apercevoir, un petit tortillon de papier.

Expériences sur les flammes et les gaz inflammables.

Passez rapidement la main devant la bougie, en prétendant faire des *passes* et profitez-en pour allumer du papier en cachette l'extrémité de votre tortillon de papier; puis soufflez rapidement la bougie. Tandis que le colonne de fumée et de gaz s'élève, vous annoncez que vous allez rallumer la bougie : pour cela vous recommencez vos passes, c'est-à-dire que vous passez la main devant la bougie, et votre papier brûlant lentement, se trouvant à bonne portée de la colonne gazeuse, suffit pour la rallumer à distance et d'une façon pour ainsi dire instantanée.

Mais revenons aux expériences de physique proprement dite : pourquoi notre souffle a-t-il éteint la bougie? C'est que ce souffle a dispersé les gaz, les a dispersés dans une grande masse d'air et que par suite ils se sont refroidis : or nous avons dit que, pour donner de la flamme, les gaz devaient être portés à une température assez haute. Pour leur redonner cette température il faudra l'introduction d'une allumette en ignition.

Cherchons une autre démonstration très simple de tout ceci : prenons une toile métallique aussi fine que possible, comme l'on en emploie pour des garde-manger, et abaissons-la horizontalement sur une flamme de bougie, jusqu'à toucher le haut de la mèche. La flamme s'écrase, mais ce qui est tout particulièrement curieux, elle ne traverse point les trous de la toile métallique; au-dessus de celle-ci se produit seulement une épaisse colonne de fumée blanche, analogue à celle qui s'élève d'une bougie qu'on vient d'éteindre. Que s'est-il donc passé? Chacun des fils étant bon conducteur de la chaleur, intercepte, arrête une partie de cette chaleur, si bien que la toile refroidit en somme assez les gaz qui la traversent pour que, au-dessus de la toile, ils ne trouvent plus la chaleur nécessaire à leur combustion. Mais au moment où ils s'élèvent en colonne blanchâtre, sans brûler, au-dessus de cette toile, approchez une allumette enflammée, et vous les verrez s'enflammer eux-mêmes, exactement comme cela se passait tout à l'heure pour la bougie éteinte. D'autre part, laissez un moment votre toile métallique écraser la flamme de la bougie; au bout d'un instant, après que les fils métalliques en seront demeurés rouges plus ou moins longtemps, vous verrez la flamme de la bougie traverser la toile, ou, si vous voulez, les gaz s'enflammer au-dessus de cette toile, tout uniment parce que les fils rouges ne seront plus à même de refroidir les gaz.

Cette expérience si simple ne peut être regardée de trop près, car c'est elle qui est la base de la lampe de mineurs inventée par Davy, et où la lumière est enfermée dans un cylindre de toile métallique : pareille lumière peut être impunément promenée dans une atmosphère grisouteuse, parce que le grisou qui s'enflamme dans la lampe se refroidit en traversant les mailles et ne peut transmettre le feu au grisou extérieur.

Regardons, examinons encore notre flamme de bougie, et nous y pourrons faire des observations sans nombre sur les flammes. L'oxygène est nécessaire à la combustion, et la meilleure preuve en est que, si nous mettons un bout de bougie flottant sur un bouchon sous une cloche plongeant dans l'eau, la bougie s'éteindra bien vite faute d'air, ou plus exactement d'oxygène. C'est pour une raison analogue que les bougies brûlent imparfaitement, parce que toutes les parties de la flamme ne sont pas en contact avec l'air; pour activer la flamme, prenons une pipe, mettons le fourneau à nos lèvres, plongeons le bout dans la flamme et soufflons : nous projetterons une grande langue de flamme qui, avec une teinte bleue, aura une puissance calorifique. Autrement dit nous ferons exactement un chalumeau, et la chaleur développée sera suffisamment grande pour porter immédiatement au rouge les parties de toile métallique que touchera la langue de flamme. Le tuyau d'une lampe, comme le tuyau d'une machine a pour but de donner du tirage, c'est-à-dire d'amener l'air en quantité dans la flamme. Ce qui prouve bien que la combustion est incomplète, c'est qu'elle laisse s'élever en l'air du carbone divisé qu'on peut recueillir aisément sur une feuille de carton placée au-dessus de la lumière : cela constitue le noir de fumée.

Nombreuses seraient encore les remarques que pourrait susciter l'examen de notre bougie : notamment si, la plaçant entre un mur non éclairé et une lampe donnant une forte lumière, nous en étudions l'ombre projetée sur le mur ; nous y saisirons admirablement l'ombre des gaz, soit de ceux qui s'élèvent en ondoyant sans être brûlés, soit au contraire de ceux qui se brûlent complètement et forment comme une bordure blanche à la silhouette de la flamme. En regardant celle-ci directement, nous y trouvons pour ainsi dire trois zones : une première, celle de l'extérieur, est pâle, parce que l'oxygène y arrive librement, que, par suite, la température y est élevée et les produits de combustion y sont gazeux ; pénétrant davantage dans la flamme, nous rencontrons une région où l'air n'entre pas suffisamment, et où précisément se forme du carbone non brûlé que nous avons recueilli tout à l'heure sous forme de noir de fumée. C'est ce carbone en suspension qui est rendu incandescent par la chaleur et qui permet à la flamme d'être éclairante : on a remarqué en effet que les flammes sont éclatantes et colorées quand elles donnent des corps solides comme produits de combustion, qu'elles tiennent en suspension de ces corps : c'est ainsi que la lumière oxhydrique doit son éclat à la chaux vive ou à la magnésie. Pour revenir à notre bougie, nous trouverions au centre une partie où les gaz ne peuvent brûler, puisqu'ils sont privés du contact de l'air, et où il n'y a que peu de chaleur.

Tout cela, nous pourrons le vérifier au moyen d'expériences bien simples : si par exemple nous plaçons un fil de fer fin, nous le verrons rougir vers les bords de la flamme, tandis qu'il reste noir au centre (à condition qu'il ne demeure pas longtemps), et cela prouve que ce centre est peu chaud ; de même, si nous écrasons la flamme avec une toile métallique, nous retrouvons les trois zones ; ou encore si on met de cette façon du papier dit *bristol* ou à *canevas*, percé de petits trous, une couronne circulaire brune montre l'endroit où le papier brûle, tandis que le centre est blanc. Prenez, si vous voulez, une allumette de bois et traversez-en la flamme :

le bois brûlera sur les bords de la flamme et le feu ne se communiquera que peu à peu au centre.

Nous n'indiquerons point en détail les différentes figures ci-jointes : elles se comprennent d'elles-mêmes.

Toutes ces expériences peuvent être multipliées diversement, elles vous expliqueront notamment pourquoi l'on fait passer un courant d'air au centre des mèches de lampe, et elles vous feront pénétrer tous les phénomènes de la combustion.

MIROIRS CONCAVES ET CONVEXES

L A déformation des images à l'aide de *miroirs concaves ou convexes* excite toujours un grand intérêt, et surtout les rires des spectateurs qui se voient hideusement déformés par ces surfaces courbes; on exploite cette drôlerie dans les foires, dans certaines baraques foraines, où l'on réunit toute une série de miroirs donnant les déformations les plus variées. Mais il n'est pas toujours facile et il est assez coûteux de se procurer des miroirs de cette sorte. On peut y suppléer de diverses façons, et les cuillers dont le poli est intact avaient le don jadis de nous amuser beaucoup, suivant que nous regardions dans l'intérieur ou au contraire sur la partie bombée et externe.

On peut toutefois se procurer très facilement et sûrement un miroir de même nature avec un verre à boire sans pied ou avec pied. Vous prenez une cuvette aussi large que possible, surtout dans le fond, et vous la remplissez d'eau pure; puis vous plongez votre verre perpendiculairement dans l'eau, mais après avoir préalablement étendu au fond de la cuvette le dessin ou la figure en couleur dont vous voulez avoir l'image déformée. Comme votre verre forme cloche à plongeur, pour le maintenir et l'empêcher de se renverser, s'il n'est pas assez lourd par lui-même, vous mettez un poids quelconque sur son pied. Vous placez du reste le bord du verre à une certaine distance du dessin dont vous voulez avoir l'image, distance qui vous sera indiquée par l'expérience. Grâce au phénomène de physique qui est expliqué dans tous les traités « réflexion totale », vous voyez l'image du dessin se reproduire rapetissée et déformée à la surface extérieure du verre. C'est une petite expérience élégante, qui aura toutefois l'inconvénient de mettre dans un piteux état le dessin plongé dans l'eau, à moins que vous n'ayez au préalable le soin de le couvrir d'une couche de vernis à tableau.

TOURS DE DÉS

Parmi les nombreuses gens qui ont eu des dés entre les mains, parmi ceux-là même qui jouent le plus souvent à ce jeu qui a perdu aujourd'hui beaucoup de sa vogue, il en est certainement bien peu qui aient regardé d'un peu près ces petits cubes d'os ou d'ivoire. On sait bien que, sur chacune de leurs 6 faces, ils portent un point de 1 à 6, mais on s'imagine que ces points sont disposés au hasard. Or il n'en est rien : ils sont au contraire arrangés avec méthode, et de telle manière qu'en additionnant les points de 2 faces exactement opposées, l'on trouve le total 7. Au 6 sera opposé le 1, au 2 le 5, etc.; on comprend donc, que si un dé est jeté sur la table, on saura immédiatement quel est le point marqué sur sa face inférieure en voyant le point marqué sur sa face supérieure, et cela par une simple soustraction.

De même, jetons (comme on le fait habituellement quand on joue) 2 dés sur la table, et supposons que cela nous donne au donne au total 8, dont 5 points pour l'un des dés et 3 pour l'autre; nous comprenons que les faces inférieures porteront respectivement 2 et 4, c'est-à-dire la différence entre 14 et le point supérieur. Cela est évident pour 2 dés : le total de 2 faces opposées fera 14, puisqu'il est de 7 pour un seul dé. Comme l'esprit d'observation est toujours utile et que les mathématiques, même élémentaires, servent toujours à quelque chose, cette remarque vous permettra de jouer un tour facile à quelque personne de bonne volonté.

Après avoir jeté vos dés sur la table, vous annoncez que vous allez montrer la face inférieure des dés, faire constater le total qu'elle porte, et le modifier ensuite par un effort de volonté. La chose n'est point malaisée. En effet, saisissons les 2 dés juxtaposés entre le pouce et l'index, celui-ci étant placé assez près de l'arête supérieure des deux petits cubes; puis faisons décrire à ceux-ci un quart de cercle en élevant le pouce et abaissant l'index. Le mouvement passe absolument inaperçu, car il peut se faire sans contraction de la main; mais il a pour résultat de faire passer dans la position inférieure les faces qui touchaient mon index. Si je retourne la main pour vous montrer les dés, vous voyez donc tout autre chose que ce qui est opposé aux faces 5 et 3 de tout à l'heure.

Supposons que le point total soit de cette manière 7 : je vous annonce que je vais replacer les dés sur la table où ils étaient et comme ils étaient, et, si vous le voulez, j'abaisserai d'un point le point total 7 que vous venez, de constater. Si je dis d'un point, et d'un point seulement, c'est qu'une simple soustraction faite suivant la méthode indiquée en commençant, m'a prouvé que, sous les faces 5 et 3, se trouvaient les points 2 et 4, ou 6 au total.

En replaçant les dés sur la table, j'accomplis le mouvement inverse de celui que j'ai fait tout à l'heure, je fais exécuter aux 2 cubes un quart de tour, de manière à les ramener dans leur position primitive. Je m'éloigne : je frappe un coup dans ma main et je vous prie de voir vous-même la face des dés qui touche la table, vous affirmant que vous trouverez le total 6. Je n'ai pas besoin de dire que l'événement justifie ma prédiction. L'expérience ou le tour peut se varier de diverses façons; mais nous n'y insisterons pas, pour ne pas empiéter davantage sur le domaine de la prestidigitation véritable, et nous indiquerons plutôt une particularité mathématique curieuse qui se présente quand on joue aux dés suivant une certaine méthode.

Voici en quoi consiste la méthode : un certain nombre de personnes se placent autour d'une table, une personne prend l'étui aux dés et jette ceux-ci, après que les paris se sont engagés, les assistants pariant qui pour 4, qui pour 2, qui pour 12, etc. Si par exemple le double 6 vient à sortir, c'est la personne qui a parié pour 12 qui gagne et enlève les mises. De même pour les autres nombres. Il semblerait au premier abord que c'est un vrai jeu de hasard, dans toute son impartialité, autrement dit que toute les chances sont égales. Mais il en est tout autrement, c'est un jeu des plus traîtres qui bénéficie aisément aux gens qui le connaissent, et la raison en est toute mathématique.

Le total 2 ne peut se produire que d'une seule façon, par le double 1 ; le total 3 peut se présenter sous la forme de 1 et 2 ou 2 et 1 ; il y a 3 manières d'obtenir le total 4, par 2 et 2, 1 et 3 ou 3 et 1. Le total 5 peut provenir de la rencontre de 3 et 2 ou 2 et 3, de 4 et 1 ou de 1 et 4. Il ne faut pas être grand clerc en mathématiques pour comprendre qu'il y a 5 alternatives possibles pour donner 6, 6 pour 7, 5 pour 8, 4 pour 9, 3 pour 10, 2 pour 11, et enfin que le total 12 ne peut se présenter que d'une seule et unique manière, par la rencontre des deux 6.

Autrement dit, il y a 6 chances de voir sortir le total 7, tandis qu'il n'y en a que 2 de voir se produire le total 3 ou le total 11, et une seule pour 2 ou pour 12. Si jamais vous jouez à ce petit jeu innocent seulement en apparence, ne pariez jamais que pour 7.

UN MOTEUR A CAMPHRE

ON a cité assez souvent la propriété curieuse qu'ont des morceaux de camphre jetés en petits fragments à la surface de l'eau : ils se meuvent, ils se déplacent comme s'ils étaient doués de vitalité : il est reconnu que ce phénomène est dû à l'émission de vapeurs par ces morceaux de camphre. En effet, ces vapeurs cherchant à s'échapper, agissent sur l'eau, la compriment, la poussent, et, en vertu de ce qu'on nomme le principe de l'action et de la réaction, l'eau à son tour repousse le camphre d'où sortent ces vapeurs : c'est ce qui met ces particules en mouvement.

En présence de cette observation on a cherché à fabriquer, sous une échelle absolument réduite, un véritable *moteur à vapeurs de camphre*, et il nous souvient notamment d'avoir vu un petit cygne en porcelaine qu'on transformait en automate. Pour cela on avait ménagé à l'arrière du jouet de porcelaine une petite cavité à la surface de l'eau, et où l'on pouvait disposer un morceau de camphre : les vapeurs se produisant, le cygne, sous leur action, semblait nager. On fait actuellement, et tout à fait suivant le même principe, des tout petits bateaux qui marchent comme s'ils étaient munis d'un moteur : le moteur c'est le morceau de camphre qu'on met à l'arrière, exactement comme on le faisait pour le cygne.

Ce petit jouet, basé sur un phénomène physique curieux, est d'autant plus intéressant à signaler que tout le monde peut le construire, à condition qu'on n'emploie qu'un bateau de dimensions minuscules.

POUR TROUVER LE NORD

IL n'est pas besoin d'être égaré au milieu d'une forêt vierge pour avoir intérêt à savoir où est le nord et à pouvoir se diriger sur un point fixe. Dans la moindre promenade en pays peu connu, il est souvent utile de retrouver le nord, même quand on a une carte entre les mains, car il n'est guère possible de s'en servir, d'y suivre une route quelconque si l'on n'a pas d'abord la possibilité de l'orienter, c'est-à-dire de la placer dans le bon sens, le nord vers le nord. Nous pourrions faire remarquer qu'au point de vue militaire ce sont là des notions de première importance; mais nous nous contenterons d'ajouter que, dans les excursions à vélocipède, la connaissance du nord est nécessaire pour l'usage des itinéraires.

On pourra me dire que la boussole a été inventée dans ce but, il y a déjà pas mal de temps. C'est vrai, mais on n'a pas toujours une boussole dans sa poche, tandis que tout le monde a une montre, instrument que nous allons apprendre à employer pour remplacer l'autre. Ensuite, en dépit des services précieux qu'elle rend, la boussole est exposée à des inconvénients graves : son aiguille repose, s'use et dès lors les mouvements sont faussés; enfin il peut se trouver, dans le voisinage du lieu où vous voulez la consulter, une masse de fer suffisante pour l'affoler, lui ôter toute valeur. Nous pourrions ajouter que la boussole est sensible aux moindres secousses, et l'on comprendra que ces deux dernières raisons en rendent l'usage très délicat pour un vélocipédiste.

Nous allons enseigner à nos lecteurs le moyen de remplacer l'aiguille aimantée par une monture ordinaire, et nous espérons non seulement leur rendre ainsi service à l'occasion, mais encore, suivant notre habitude, leur faire exécuter une véritable expérience scientifique sous une forme amusante, qu'ils retiendront sans doute mieux qu'une explication savante.

Il y a plusieurs procédés pour atteindre le même résultat, examinons-en quelques-uns qui tous, il est vrai, ont besoin du soleil pour réussir.

Posons notre montre à plat, dans le creux de la main ou ailleurs, car il n'est nullement nécessaire que l'horizontalité soit absolue, et disposons-la de façon que la petite aiguille, celle des heures, soit dirigée vers le soleil : c'est ce qu'indique la figure 1, au moyen d'une perspective un peu fausse, car le soleil est représenté schématiquement dans le coin supérieur droit de la gravure, avec un rayon donnant la direction dans laquelle apparaît l'astre pour l'observateur qui tient la montre. Nous avons supposé, sur cette figure, qu'il est trois heures, et la montre est effectivement orientée de telle sorte que le diamètre du cadran qui passe par le chiffre III est parallèle au rayon de soleil figuré dans l'angle de la gravure. Le sud est exactement dans la direction du milieu de l'arc qui commence à III et qui finit à XII, c'est-à-dire que, dans l'exemple donné, la ligne sud-nord passe par une heure et demie, et par suite par sept heures et demie. S'il était cinq heures au lieu de trois, le chiffre V étant dirigé vers le soleil, comme nous l'avons indiqué, le sud serait dans la direction de deux heures et demie, point médian entre V, et XII.

On conviendra que le procédé est très simple ; il s'explique du reste aisément, pour peu qu'on fasse appel aux notions les plus élémentaires de cosmographie. A midi le soleil est (au moins avec une approximation suffisante) dans le sud, et alors notre ligne de visée se confondra avec la ligne du sud ; mais, comme il parcourt un cercle complet en vingt-quatre heures, au bout d'une heure sa direction ne fera sur la montre avec la ligne nord-sud qu'un angle d'une demi-heure, et si nous le visons avec le point I du cadran, la ligne du sud ne se trouvera qu'à une demi-heure de la ligne de visée, autrement dit à moitié chemin entre XII et I. On pourra continuer facilement ce raisonnement, mais voici un autre procédé fort analogue dont l'explication est peut-être encore plus aisée.

Comme tout à l'heure nous plaçons notre montre à peu près horizontalement, mais de telle sorte que la petite aiguille soit dans la direction de notre ombre : ainsi que l'indique la figure 2, c'est absolument l'inverse de la figure 1. Le nord est alors dans le prolongement de la bissectrice de l'angle que fait la petite aiguille avec le rayon XII; tout à l'heure c'est le sud qui était dans cette direction, mais comme la montre est renversée par rapport à la position qu'elle occupait tout à l'heure, le résultat est identique, et l'on peut voir que la direction nord-sud est la même, étant toujours supposé qu'il est trois heures.

Comme explication, nous en donnerons une assez semblable à la précédente. A midi l'ombre de l'observateur étant dirigée sensiblement vers le nord, la direction de ce point cardinal coïnciderait avec le chiffre XII; or cette ombre marche deux fois moins vite que l'aiguille de la montre, c'est-à-dire que trois heures après elle n'est qu'à une distance d'une heure et demie (mesurée sur le cadran) de la ligne nord-sud : par suite il faut chercher cette direction à la même distance, une heure et demie, de la direction de l'ombre, autrement dit à mi-chemin entre le chiffre II et le chiffre I.

Nous avons dit que ces curieuses manières de suppléer la boussole sont nombreuses : en voici une troisième.

Nous prenons encore notre montre, mais nous supposons le cadran partagé en vingt-quatre heures au lieu de douze (comme cela commence à se faire dans certains pays), et nous cherchons par la pensée, ce qui est bien facile, le point où serait la petite aiguille, étant donnée l'heure effective à laquelle nous opérons, si notre cadran était fabriqué d'après ce nouveau système. Dans l'exemple que nous avons encore pris (fig. 3), comme il est trois heures, l'aiguille serait précisément entre le chiffre I et le chiffre II. Visons alors le soleil avec l'aiguille reportée par la pensée en ce point, et la ligne sud-nord sera tout naturellement celle qui réunit les chiffres XII-VI : puisque le soleil a parcouru 3/24 du cadran depuis qu'il était dans la direction du sud, il est évident que cette

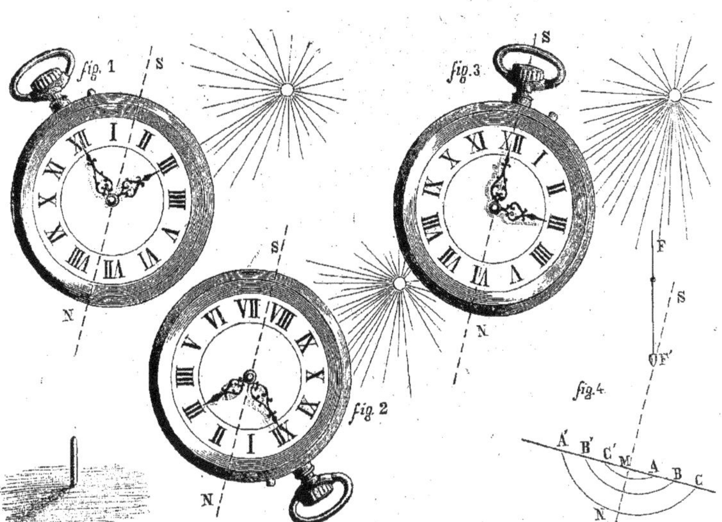

Moyens de remplacer une boussole par une montre.

direction doit se trouver à 3/24 du cadran avant la direction actuelle de l'astre.

Sans doute on pourrait dire que ces calculs ne sont mathématiquement exacts qu'au pôle; mais en fait les résultats sont tout aussi bons qu'avec une boussole de poche.

Avant de finir, nous signalerons un dernier procédé qui diffère complètement des autres et ne peut s'employer que dans un cas spécial.

Choisissez une surface bien horizontale, par exemple le plancher d'une véranda exposée en plein sud; vérifiez l'horizontalité au moyen d'un niveau. Puis suspendez un fil à plomb F au-dessus de cette surface, de manière que l'ombre en tombe sur le plancher au moins pendant une bonne partie de la journée; bien entendu il ne faut pas que rien vienne troubler la verticalité de ce fil. On y attache un bouton ou l'on y fait un nœud, pour avoir l'ombre d'un point fixe à observer. Pendant un jour ensoleillé, vous vous mettez en observation dans la pièce où pend le fil à plomb; puis à six reprises différentes, par exemple avant midi et autant de fois après midi, et en laissant un intervalle identique (une demi-heure, un quart d'heure) entre chaque observation, vous marquez par terre avec des points A, B, C, A′, B′, C′, le centre de l'ombre du bouton ou du nœud de la ficelle. Il suffit, en somme, d'avoir marqué ainsi trois ou quatre points vers neuf et dix heures du matin, et autant vers deux et trois heures, ce qui, en somme ne donne pas grand'peine.

Joignez tous ces points par une ligne, qui sera sensiblement droite. Du pied de votre fil à plomb, c'est-à-dire du point F′ où il vient presque toucher le sol, vous pouvez tracer des arcs de cercle passant par C et A′, ou par B et B′, et cela simplement au moyen d'un bout de ficelle et d'une corde; puis vous prenez le milieu M de la corde d'un de ces arcs et vous le joignez à F′. La ligne obtenue est la direction exacte sud-nord. Cela se comprend aisément, attendu que, quand l'ombre vient en M, c'est quand le soleil est le plus vertical, c'est-à-dire à midi, et que, à ce moment, l'ombre est dirigée vers le nord, vers M.

Et voilà comment, sans être grand astronome, vous pourrez tracer, avec une approximation suffisante, la méridienne du lieu où vous vous trouvez, la ligne de direction du sud au nord.

<hr>

UN BAROMÈTRE A BON MARCHÉ

On a donné des recettes variées pour construire des baromètres à bon marché, tous étant fondés sur l'action de l'humidité de l'air, qu'il s'agisse soit de substances chimiques, que cette humidité fait changer de couleur, soit de matières qui se dilatent sous cette même influence.

Voici un nouveau baromètre qu'on pourrait appeler le baromètre des gourmands, car on peut le manger quand on est fatigué de son usage. Vous achetez tout simplement un bonhomme en pain d'épice, et vous l'accrochez au mur par un clou. Vous devez savoir que, de même que pour beaucoup de pâtisserie, la moindre humidité agit immédiatement sur le pain d'épice, elle le rend mou et le doigt peut s'y enfoncer sans peine; au contraire, à mesure que l'atmosphère devient plus sèche, le même pain d'épice prend rapidement de la fermeté. Pour consulter votre baromètre, vous n'avez donc qu'à appuyer légèrement le doigt sur la poitrine par exemple de votre bonhomme : si elle ne résiste pas, c'est que la pluie va venir, si au contraire son thorax est ferme, c'est que le temps est au sec. Essayez-en, rien n'est plus facile, et vous serez satisfait : sinon, vous mangerez votre baromètre, ce qui est une consolation.

AU FOND D'UNE CHAMBRE OBSCURE

L A physique est une bien belle science; mais elle a encore pour vous, j'en suis sûr, de nombreux mystères, que vous ne tenez peut-être pas à approfondir. C'est qu'on vous la présente le plus souvent sous sa forme aride et mathématique, et qu'on ne vous signale point les applications amusantes dont elle est susceptible. C'est au contraire, ce que je m'efforce d'obtenir constamment, ne pensant pas pour cela rabaisser la science, mais la faire aimer en la faisant comprendre sans peine.

L'optique, en particulier, sous son aspect rébarbatif, est une occasion d'expériences curieuses; c'est ainsi qu'il est facile de pénétrer une partie des mystères de la photographie. Disons tout de suite que nous n'avons pas l'intention d'envahir le domaine de la photographie, mais nous voudrions simplement donner le moyen de fabriquer un petit appareil qui permettra de constater les phénomènes optiques que la photographie a pour

Vous êtes-vous trouvé parfois couché dans un lit près d'une fenêtre avec les rideaux bien clos, arrêtant toute lumière sauf dans le haut, près de la corniche, où une fente étroite entre la tête des rideaux et le plafond laissait filtrer une bande lumineuse? S'il faisait grand jour et si la rue était animée, qu'en outre le sol ne fût pas très loin, autrement dit si vous étiez à l'entresol ou au premier étage, et enfin si le soleil donnait en plein sur les passants circulant dans la rue, vous avez pu voir se profiler sur le plafond des sortes d'images en mouvement. Ces images étaient quelque peu confuses et indécises, mais enfin on pouvait reconnaître les gens en marche, les voitures roulant, les chevaux trottant.

Se trouve-t-il chez vous un corridor ou une pièce très sombre communiquant avec une autre pièce où le soleil pénètre à grands flots? Fermez la porte et arrangez-vous pour que la lumière de la seconde pièce puisse entrer par une toute

petite ouverture dans le corridor ou la pièce obscure. Le trou
de la serrure, la clef une fois enlevée, fera très bien l'affaire ;
s'il n'y a pas de serrure, ma foi, je vous conseillerai, au
risque de me faire maudire par vos parents ou par votre propriétaire, de percer un petit trou avec une vrille. Si le mur du
corridor n'est pas loin de la porte ainsi percée, vous verrez le
dessin des rideaux de la pièce ensoleillée se reproduire nettement, j'allais dire se photographier sur ce mur.

Sans vous en douter probablement vous avez fait de véritables petites expériences de physique, étudiant ce que les
cours d'optique nomment les « images données par les petites
ouvertures dans la chambre obscure ». La fente ménagée entre
le plafond et la tête des rideaux, le trou percé dans la porte
ou le trou de serrure, voici la petite ouverture ; le plafond
ou le mur formant l'écran sur lequel vient se peindre l'image
des objets extérieurs.

On peut s'expliquer facilement, au moyen d'une figure,
que les images se reproduisent ainsi par une forte petite
ouverture. Soit par exemple une flèche Fl, tenue verticalement en pleine lumière devant une cloison percée d'un tout
petit trou O qui donne accès à la lumière sur un mur ou un
écran EE. Cette flèche vivement éclairée est comme une
source de lumière : de chacun de ses points partent une mul-
titude de rayons. Si nous considérons, par exemple, sa pointe
P, parmi tous les rayons qui en partent, il y en a un qui passera par O et viendra former un point lumineux en P' sur
l'écran ; nous pouvons admettre qu'il n'en passe qu'un, l'ouverture étant très petite. Il en sera de même pour l'extrémité
inférieure B de la flèche qui, en traversant O, formera en B'
un point lumineux, et de même de tous les points de la flèche :
par suite il se dessine sur l'écran une image lumineuse de la
flèche, mais une image renversée, comme l'examen de la
figure le montre immédiatement.

On doit tout de suite comprendre que, si l'ouverture était
d'une certaine grandeur, il entrerait un grand nombre de
rayons lumineux provenant d'un même point de la flèche :
tous ces rayons empiéteraient les uns sur les autres et il n'y

aurait plus d'image nette, il y aurait une plaque lumineuse.

Mais ceci n'est qu'une démonstration théorique, passons à la pratique qui vaut mieux : l'expérience en question confirmera celles que nous avions faites dans notre lit ou dans le corridor sombre.

Prenons une boîte en carton solide, qui ne se casse pas facilement et qui puisse pourtant aisément se couper au canif; le plus important est que le couvercle ferme bien et surtout que ce carton ne laisse point passer le moindre filet de lumière : on peut s'en assurer facilement en mettant couvercle et fond devant une lumière, le soir. Il est possible, du reste, de boucher les petits trous au moyen de bandelettes de papier gommé. Dans le couvercle nous perçons, à peu près en son milieu, un trou au moyen d'une aiguille fine, aussi fine que possible; puis nous enlevons le fond proprement dit, mais en laissant tout autour une petite bande de carton *b* (fig. 2), large de 2 centimètres à peine et adhérente aux côtés de la boîte. Nous nous procurons ensuite du papier transparent : le papier à décalquer fera très bien l'affaire, sinon nous prendrions du papier huilé, ou encore du papier enduit de benzine, mais l'inconvénient de ce dernier est qu'il perd sa transparence au fur et à mesure que sèche la benzine. Nous découpons cette feuille de papier de la grandeur exacte de l'ouverture supérieure de la boîte et, en la glissant au fond, nous la collons en F sur l'angle *b* que nous avons enduit préalablement de colle. Nous tendons bien la feuille transparente, qui va jouer le rôle de verre dépoli.

En effet, recouvrons la boîte avec le couvercle percé, et, si nous craignons qu'il ne prenne pas exactement juste, fermons hermétiquement à l'aide de bandes de papier. Puis visons un objet ou un paysage bien éclairé avec cette chambre obscure (car c'en est bien une que nous avons fabriquée à peu de frais), et entourons-la d'un voile noir qui nous couvre aussi la tête, un simple pardessus pouvant très bien suffire. Si nous regardons alors le papier transparent, notre pseudo-glace dépolie, nous verrons s'y reproduire en F, avec toutes ses brillantes couleurs (fig. 3), l'objet ou le paysage que nous visons et dont les rayons, l'image, pénètre par la petite ouverture dont est percé le couvercle de notre boîte.

Vous avez dès lors entre les mains, sans la moindre dépense on peut le dire, un appareil qui vous permettra

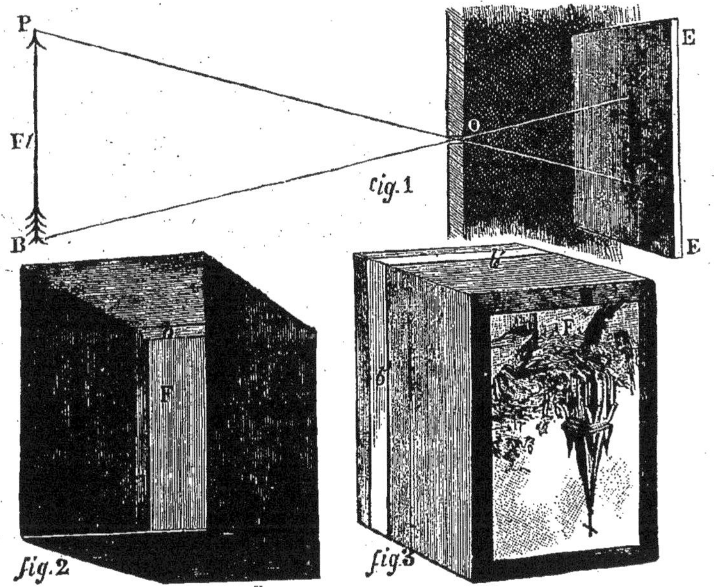

Fabrication et fonctionnement de la chambre obscure.

d'obtenir des petits tableaux réduits de la nature qui vous entoure; mais en même temps voilà démontré expérimentalement un phénomène d'optique, et vous n'oublierez plus cette démonstration. Supposez que, à la place de la feuille F, vous ayez une plaque photographique, et vous aurez un appareil complet. Je sais bien que vous allez me dire que, dans un appareil photographique il y a une ou plusieurs lentilles, ce qu'on nomme l'objectif. Mais il ne faudrait pas croire la lentille absolument nécessaire : elle l'a été parce que la chimie n'obtenait pas de substances qu'un éclairage faible suffit à impressionner; autrement la chambre avec une simple petite ouverture donne d'excellents résultats. Cela est si vrai que maintenant on peut recourir aux appareils sans objectif et, sans empiéter sur le domaine photographique proprement dit, nous pouvons nommer un capitaine du génie, M. Colson, qui s'est fait une spécialité de la photographie sans objectif. On peut se faire construire des appareils de la sorte, avec un tout petit trou à la place de l'objectif, mais un petit trou bien net percé à chaud ou même dans une plaque métallique : ce système a des avantages très réels.

En somme, en vous faisant construire une chambre obscure au moyen d'une vieille boîte en carton, nous avons tâché de vous expliquer tout le phénomène *physique* de la photographie.

LA TRANSMISSION DES SONS

ON a souvent l'habitude, quand on veut expédier des cartes ou des gravures par la poste, de les enrouler sur elles-mêmes, et, pour empêcher que le rouleau ne s'aplatisse, on met intérieurement une baguette ronde de bois, de sapin ordinairement : il y a donc beaucoup de chances pour que la plupart de nos lecteurs aient entre les mains quelqu'une de ces baguettes, de ces cylindres, de ces tringles de bois. Avec cet instrument modeste, ils pourront s'amuser à faire des expériences d'acoustique. En effet le bois a la propriété de *transmettre les sons*, autrement dit les vibrations avec une netteté extraordinaire : un petit coup donné au bout d'une longue poutre s'entend admirablement à l'autre bout; le sapin est probablement le bois qui transmet le mieux les vibrations. Prenez donc une de ces baguettes dont nous parlions tout à l'heure, qu'elle soit longue de 80 centimètres, d'un mètre ou davantage si vous voulez : mettez une de ces extrémités à votre oreille, aussi près que possible du tuyau auditif; puis faites maintenir une montre appliquée à l'autre extrémité, et vous serez tout étonné d'entendre le tic-tac aussi nettement que si la montre était absolument collée à votre oreille. On

voit immédiatement et sans que nous y insistions le parti
qu'on peut tirer de cette propriété des tringles de bois pour
jouer un bon tour à une personne non prévenue, pour parier,
par exemple, qu'on lui fera entendre le bruit d'une montre à
un mètre et plus de distance. Il est facile de varier les expériences, et des indications sont même superflues à ce point
de vue.

ALPHABETS MAGIQUES

O N sait que les prestidigitateurs ne se contentent point
d'employer des appareils mécaniques truqués et de pro-
fiter de la crédulité si grande du public : bien souvent ils font
des emprunts à la science, profitant des particularités que
présentent certaines lois physiques ou chimiques, de pro-
priétés curieuses des nombres ou de lois arithmétiques. En
revanche, on ne s'étonnera point et l'on ne nous fera pas
reproche si nous empiétons ici sur le terrain qui semble
réservé à la prestidigitation, si nous indiquons quelques
combinaisons alphabétiques qui permettent de faire de véritables expériences de divination apparente, et par suite de
prestidigitation.

Ces combinaisons alphabétiques, les voici : ce sont des
tables qui vont sembler d'abord incompréhensibles à nos
lecteurs.

A	B	D	H	P
C	C	E	I	Q
E	F	F	J	R
G	G	G	K	S
I	J	L	L	T
K	K	M	M	U
M	N	N	N	V
O	O	O	O	W
Q	R	T	X	X
S	S	U	Y	Z
V	V	V	Z	Z
W	W	W		
Y	Z			

Ces tableaux semblent avoir été dressés au hasard; mais, pour peu qu'on y prête attention, on pourra faire quelques remarques, qui n'expliqueront pas leur intérêt il est vrai, mais qui faciliteront la tâche à ceux qui voudraient se les rappeler. Dans la première colonne on supprime une lettre sur deux; dans la deuxième, en commençant par le B, on écrit deux lettres dans la suite naturelle, puis on en laisse deux de côté, et ainsi de suite. Dans la troisième, en tête de laquelle se trouve le D, on en écrit quatre à la suite et on en retranche autant; dans la quatrième colonne, qui commence par H, ce n'est plus quatre, mais huit lettres qu'on écrit dans leur ordre naturel, et on en laisse de côté le même nombre. Enfin, pour former la dernière colonne, on prend les huit qu'on avait négligées dans la colonne précédente et l'on y ajoute X et deux Z.

Mais voilà quel est le résultat curieux de cette disposition étrange. Toute lettre qui, dans l'ensemble de ce tableau, ne se trouve qu'une fois, est en tête d'une colonne verticale : si, au contraire, elle est inscrite dans plusieurs colonnes, on n'a qu'à faire l'addition des numéros d'ordre qu'occupe dans l'alphabet chacune des lettres qui se trouvent en tête des colonnes où elle se rencontre · le total sera le numéro d'ordre de la lettre cherchée. Rendons ces formules un peu plus claires par deux exemples. La lettre A ne se trouve que dans une colonne, et elle est en tête de cette colonne, de même pour les lettres B, D, H, P. Voici, d'autre part, la lettre C, qui se trouve dans la première et dans la deuxième colonne : A, première lettre de la première colonne, ayant le numéro 1 dans l'alphabet et B, lettre de tête de la seconde colonne, ayant le numéro 2, le total nous donne 3 et effectivement la troisième lettre de l'alphabet est bien C.

On doit voir déjà quelle peut être l'utilisation d'un pareil tableau au point de vue de la prestidigitation : rien en effet n'est plus aisé, grâce à lui, que de deviner le nom d'une personne en lui demandant pour chacune des lettres qui composent ce nom, dans quelles colonnes elle se rencontre.

Prenons par exemple le nom Paul. La première lettre

étant, à ce qu'on dit, dans une seule colonne, la dernière, ce ne peut être que la lettre de tête P . en voilà déjà une de devinée. Sur notre question on nous dit que la deuxième lettre n'est que dans une colonne également, mais la première : c'est donc A. Cela est aisé; mais voici qui est plus compliqué en apparence. La troisième lettre est dans la première, dans la troisième et dans la cinquième colonne; immédiatement nous disons A vaut 1, D vaut 4 et P 16, ce qui fait au total 21, et U est la vingt et unième lettre de l'alphabet. Enfin la dernière lettre du nom se trouve dans la troisième et dans la quatrième ligne verticale, et comme D plus H donnent 12, le nom cherché se termine par la douzième lettre de l'alphabet ou L.

Le nom est ainsi deviné; et les calculs se faisant en un clin d'œil, si l'on a dans le creux de la main un petit alphabet avec le numéro d'ordre en face de chaque lettre, on peut émerveiller des spectateurs.

INCOMBUSTIBILITÉ

Voulez-vous exciter l'étonnement de vos amis en brûlant devant eux une feuille de papier qui n'en gardera pas moins son apparence et sa forme, autrement dit en expérimentant du *papier combustible*? C'est bien simple : vous n'avez pour cela qu'à composer une solution très forte d'alun, en faisant fondre une grande quantité d'alun dans de l'eau; puis à plusieurs reprises vous trempez votre feuille de papier, en la laissant sécher entre chaque immersion. Il se forme dans le tissu du papier des petits cristaux d'alun qui lui garderont sa consistance quand il aura passé par le feu.

POUR RETROUVER L'HEURE

Quand nous prétendions apprendre à nos lecteurs le moyen de trouver la direction du sud et du nord sans boussole, nous basions l'utilité de ce procédé sur ce que chacun a sa montre, tandis que tout le monde n'a pas une boussole en poche. Nous ne viendrons pas dire maintenant le contraire, et si nous songeons à indiquer un moyen de savoir l'heure, c'est que cela peut contribuer à mieux faire comprendre quelques notions scientifiques qu'on ne connaît généralement que par les livres. Du reste, vous pouvez parfois oublier votre montre, ou tout aussi bien elle peut s'arrêter, et il est utile alors de posséder un moyen de trouver l'heure, du moins avec une approximation suffisante.

A la campagne on a souvent l'habitude de connaître à peu près l'heure en regardant quelle est la hauteur du soleil au-dessus de l'horizon; on nous a même à ce point de vue recommandé un procédé curieux. On porte la main, à bras tendu, les doigts collés à côté les uns des autres, au-dessus de l'horizon, et l'on mesure ainsi combien il y a d'épaisseurs de main entre cette ligne d'horizon et le point où se trouve le soleil; on dit alors que le soleil est à autant d'heures du moment de son coucher qu'on a compté ainsi d'épaisseurs, et on calcule aisément l'heure, à condition de connaître celle du coucher de l'astre. Nous n'avons pas besoin de dire qu'on arrive de la sorte à des résultats remarquablement faux, à une même heure, suivant le mois où l'on se trouve; il monte beaucoup moins haut en hiver qu'en été. Sans avoir des notions assez précises de cosmographie on ne peut tenir compte de ce fait. Autrefois M. Bralet avait inventé une montre qui donnait l'heure d'après la hauteur du soleil au-dessus de l'horizon : on visait le soleil par deux trous percés dans le cadre de la montre, et une aiguille qui se mettait toujours verticale indiquait l'heure. Mais, pour obtenir ce

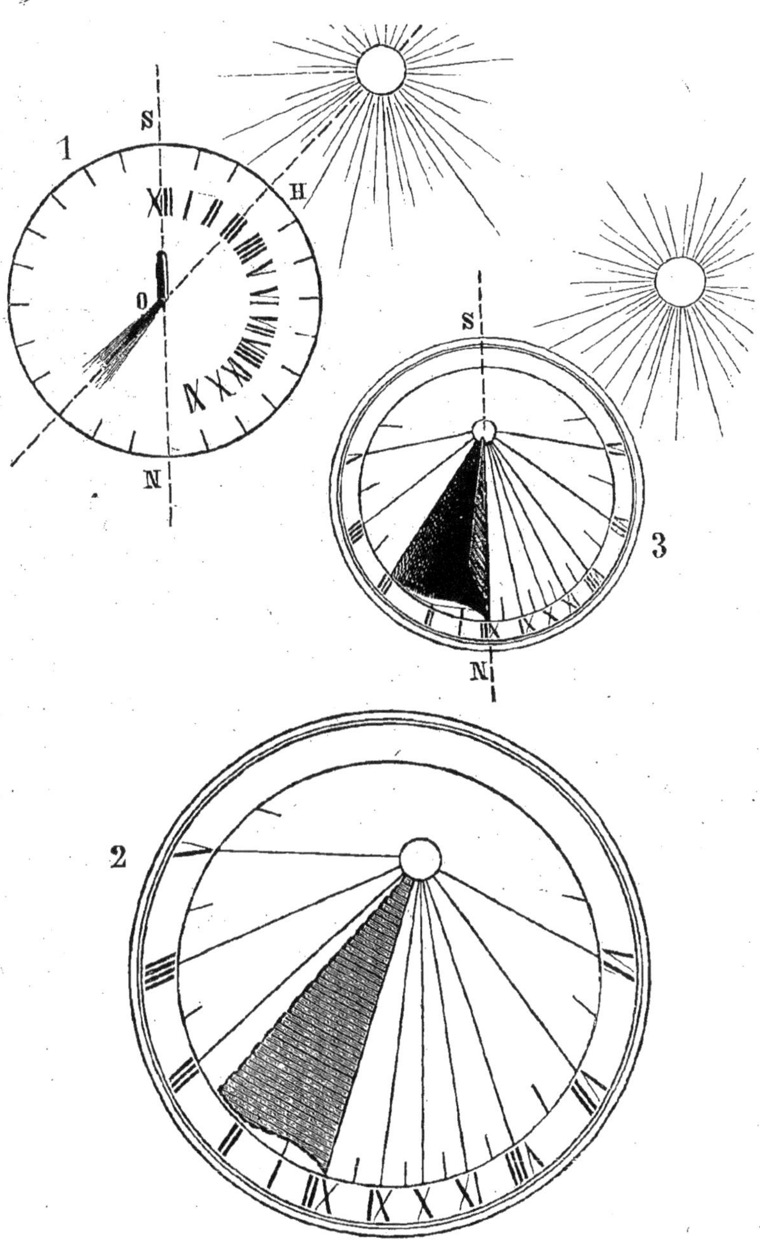

Cadrans solaires à bon marché.

résultat, il fallait d'abord que le cadran fût réglé, tourné suivant la saison, le mois où l'on s'en servait.

Mais sans instrument nous allons faire à peu près aussi bien : pour cela il suffit de vous rappeler le moyen que nous avions donné de trouver le nord avec une montre en supposant son cadran partagé en vingt-quatre heures; il nous faut aussi une boussole.

Piquons en terre un petit bâton bien droit, et, autour de ce piquet comme centre, nous traçons une circonférence de rayon moyen, 50 centimètres suffiront. Tirons un premier diamètre SN (fig. 1) qui sera aussi exactement que possible parallèle à la direction de l'aiguille aimantée de la boussole; autrement dit ce sera la ligne sud-nord, et nous pourrons la considérer comme la méridienne, la ligne de midi du lieu où nous nous trouverons. La chose n'est pas absolument exacte; mais nous ne faisons pas des observations astronomiques et nous nous contenterons de cette exactitude relative.

Tirons de même un autre diamètre perpendiculaire au premier, et partageons chacun des quatre arcs obtenus en six parties égales : cela correspond au cadran de montre que nous avions autrefois supposé divisé en vingt-quatre heures.

Observons maintenant l'ombre du bâtonnet et prolongeons en sens opposé la direction de cette ombre : nous obtenons la ligne OH, comme l'indique la figure ci-jointe, qui coupe la circonférence au troisième point après midi, c'est-à-dire à la troisième heure. Autrement dit il est trois heures. Le procédé est bien simple et aisément compréhensible; sans doute il ne donnera point l'heure à la minute près, mais il fournira un résultat d'autant plus approché que la circonférence sera plus grande et que les divisions en seront plus régulières. Le tracé même de la circonférence ne présente aucune difficulté, car il est aisé d'employer une ficelle fixée par un nœud lâche autour du bâtonnet planté verticalement en terre.

Nous n'expliquerons pas la raison de cette petite expérience, car elle ressort de ce que nous avons dit antérieurement sur les moyens de trouver le nord.

En somme nous avons fait une sorte de cadran solaire.

Précisément, il y a peu de temps, une fabrique anglaise bien connue et à laquelle nous ne ferons point de réclame en la nommant, publiait dans certains journaux une annonce où elle donnait un petit cadran solaire très curieux : la figure 2 le représente en vraies dimensions. On y voit des sortes de rayons partir d'un petit cercle pour aboutir en divers points du cadran où sont indiquées les heures, de six heures à midi et de midi à cinq heures. On aperçoit de plus une sorte de triangle ombré bordé sur deux côtés par une ligne pointillée. Passons un canif le long de ces deux côtés, puis relevons perpendiculairement la lame de papier ainsi partiellement détachée. Il s'agit maintenant de placer le cadran horizontalement, par exemple sur une table qu'on aura vérifiée à l'aide d'un niveau d'eau ; enfin on doit orienter le cadran de façon que le chiffre XII soit dirigé vers le nord : le pli de la base du petit triangle de papier se trouvera par conséquent dans la direction sud-nord. Il ne reste plus alors qu'à observer le point où tombe l'ombre de la pointe du triangle, et on lira l'heure en ce point. La figure 3 indique à une échelle réduite la disposition et l'aspect du cadran.

Encore une fois nous n'avons pas l'ambition de donner ici un traité de la construction des cadrans solaires : c'est là une matière qui fait l'objet de toute une science spéciale, la gnomonique. De plus, pour construire un cadran solaire mathématiquement exact, il faut tenir compte de la latitude du lieu où on l'installe : en effet le stylet indicateur des heures, ce que nous appelions tout à l'heure notre bâtonnet, doit être parallèle à l'axe de la Terre, incliné sur l'horizen, comme cet axe, d'un nombre de degrés égal à la latitude. Mais nous espérons du moins avoir donné à nos lecteurs le moyen de faire un peu de science amusante et peut-être aussi le goût de continuer plus loin dans cette voie.

UNE NOUVELLE BOITE MAGIQUE

Le xviiie siècle, qui aimait beaucoup les applications scientifiques et les résultats quelquefois merveilleux qu'elles donnent, a imaginé toute une variété de boîtes qu'on appelait magiques, et où l'aimant jouait le principal rôle : c'étaient comme des boîtes à magie scientifique. Le plus souvent elles avaient pour but, au moyen d'une série de lames aimantées et de garnitures en fer ou d'autres aimants, de rendre des sortes d'oracles, les réponses préparées à l'avance devant forcément être attirées en face des questions auxquelles elles se rapportaient. Ces petits jouets sont assez curieux, nous avons eu occasion d'en citer un antérieurement; nous voudrions signaler aujourd'hui une boîte de disposition toute différente, qui est désignée communément sous le nom de boîte magique A. Martin, et qui fait appel à l'aimantation d'une manière très spéciale.

Le jouet en question, qui pourrait à juste titre entrer dans un cours de physique comme appareil de démonstration, est formé d'une boîte métallique nickelée, très plate, sans la moindre saillie extérieure : on aperçoit seulement une petite pointe métallique dépassant légèrement le dessus de l'appareil. Cette boîte se vend enfermée dans une autre en carton, qui contient une série de petits patins de fer doux, des formes le plus variées. Notre gravure représente précisément et la boîte métallique et les patins. Je mets la boîte à plat sur une table, je place un des patins métalliques sur son couvercle, et, sans que j'aie en apparence rien touché, le petit patin se met en mouvement, décrivant les dessins les plus variés autour de la pointe métallique, avec laquelle il reste toujours en contact. Le patin rond, par exemple, se mettra à tourner autour de cette pointe, tout en étant animé d'un autre mouvement simultané, car il effectue une rotation constante sur lui-même, un peu à la façon de la Terre autour du Soleil. Le patin triangulaire tournera aussi sur lui-même, mais par saccades, à cause de sa forme même, son pourtour restant constamment en contact avec la pointe centrale; les choses se passeront de façon analogue pour un des patins allongés, à cela près que cette sorte de bande métallique viendra traverser d'un bord à l'autre le cercle que forme le couvercle de la boîte, en tournant sur lui-même bout pour bout d'une manière continue.

On vend avec le jouet une série de petites découpures, danseurs, clowns, bateaux etc., qu'on peut fixer verticalement dans une griffe ménagée à la surface du patin : quand on a disposé de la sorte le bateau sur un des patins allongés, par exemple, on le voit évoluer en tirant des bordées; de même les danseurs sembleront valser. La chose est ainsi plus pittoresquement présentée, bien qu'elle ne soit pas plus étonnante au point de vue mécanique. On peut toucher le couvercle de a boîte, il est absolument immobile, on ne voit rien remuer; comment les pièces métalliques sont-elles entraînées ainsi à sa surface? On songe d'abord à un aimant qui se déplacerait sous le couvercle; mais cela n'est pas admissible, car alors la pièce métallique glisserait à la surface d'un mouvement uniforme et simple et non pas avec le mouvement double dont elle est animée ici.

En réalité il y a bien un mouvement interne dans la boîte, mouvement très simple à tous les points de vue, et qui n'en donne pas moins des résultats curieux de variété. En examinant le côté de la boîte, on voit dépasser légèrement une lame de cuivre qui est l'extrémité d'une crémaillère : un des dessins ci-joints montre la boîte une fois le couvercle enlevé et toute la disposition intérieure. On voit que le pivot dont on n'apercevait que la pointe au-dessus du couvercle porte un volant métallique servant à emmagasiner la force, système qu'on emploie maintenant dans un grand nombre de jouets, de toupies notamment. Le mouvement de rotation est communiqué à ce volant par la crémaillère, qu'on tire d'abord à soi, puis qu'on repousse vivement.

La seule partie aimantée dans tout le système, c'est le pivot : là est le secret de tous ces mouvements incompréhensibles en apparence, et qui s'expliquent, quand on réfléchit, par une combinaison de l'aimentation et du mouvement.

Lorsque nous plaçons sur le couvercle de la boîte, après que nous avons mis en rotation le pivot, un patin, il est attiré par ce pivot, à condition naturellement qu'il n'en soit pas trop loin, et il est forcé de rester en contact par sa tranche. Mais entre cette tranche et la périphérie de la pointe métallique, il se produit ce qu'on nomme en mécanique un embrayage à friction : on ne s'attendrait pourtant pas à trouver pareille démonstration technique dans un aussi modeste petit jouet. La tranche est appuyée fortement sur le pivot, à cause de la grande adhérence déterminée par l'attraction aimantée ; il y a comme une espèce d'engrenage entre les aspérités que présentent ces deux surfaces métalliques, car aucune surface n'en est exempte, si lisse et polie qu'elle puisse paraître, et la lame métallique est entraînée. Considérons celle des figures qui représente la position primitive d'un des patins, puis plusieurs de ses positions ultérieures et successives. Le voici qui glisse assez rapidement, entraîné par la rotation de l'axe aimanté, et d'autant plus facilement que la surface polie du couvercle de la boîte oppose aussi peu de résistance que possible à son déplacement. Il s'avance de gauche à droite si bien que le point A, par exemple, de sa tranche se trouve bientôt transporté en A', la petite pièce métallique prenant la position pointillée indiquée sur la figure. L'extrémité du patin est maintenant en face du pivot : il ne continuera pas alors son mouvement vers la droite, mais sa tranche étant maintenue en contact avec le pivot, le bout du patin viendra glisser en engrenant toujours avec ce pivot, tandis que l'autre extrémité décrira un arc de cercle et s'inclinera vers le bas de la figure. Au bout d'un moment, cette lame métallique affectera la seconde position pointillée, le point A se trouvant maintenant en A" par delà le pivot aimanté. Nous pourrions suivre le grand côté du patin entraîné par la friction sur le pivot, nous le verrions traverser de nouveau le couvercle, puis effectuer une autre volte autour de la pointe conique en acier.

Détails de la boîte magique.

L'explication est assez délicate, mais en somme elle se comprend bien et s'applique à toutes les formes qu'on peut donner aux lames métalliques : l'axe aimanté est comme une roue qui roulerait à la surface d'une route formée par la tranche métallique; mais la roue étant maintenue fixe, c'est la route qui se déroule sous elle. L'effet le plus curieux qu'on puisse obtenir est avec une épingle à cheveux à laquelle on donnera les courbures les plus bizarres que l'on voudra, à condition qu'elles soient dans un même plan, afin de s'appliquer sur le couvercle de la boîte. Si l'on met l'épingle en contact avec le pivot aimanté, elle est entraînée, elle se déplace suivant ses circonvolutions, avançant dans un sens continu jusqu'à ce qu'une de ses extrémités arrive à l'aplomb de l'axe; à ce moment, sous l'influence de l'entraînement, c'est le côté opposé de la tige qui vient en frottement avec l'axe, et un mouvement rétrograde se produit.

Ajoutons encore un détail qui vient donner de la variété aux déplacements des objets métalliques : c'est que parfois, quand la vitesse de rotation du volant est grande, la force centrifuge s'en mêle, projette plus ou moins violemment les extrémités des patins au pourtour du couvercle de la boîte, et modifie les phases de leurs mouvements. Quelquefois même, quand le volant est brusquement lancé, les patins sont animés d'une telle rapidité de glissement qu'ils quittent le contact avec le pivot.

On n'a pas encore trouvé d'applications industrielles de ce dispositif, mais on en trouvera certainement. En tout état de cause il forme un jouet scientifique vraiment curieux, qui peut faire utilement réfléchir sur l'action et le rôle de l'aimantation.

COMMENT EMPLOYER UN COUTEAU

LA question paraît bien naïve, car on a généralement la prétention de savoir se servir d'un couteau ; mais lors même qu'on l'emploie logiquement, et cela d'une façon tout instinctive, on ne se rend guère compte du motif pour lequel on procède ainsi.

Le fait est que, lorsqu'on veut couper un corps résistant, par exemple une branche d'arbre, un morceau de bois vert, le seul moyen de réussir, pour peu que la branche soit grosse, et même si le couteau coupe bien, c'est de placer celui-ci obliquement, de couper en fauchant, si l'on peut dire, en faisant glisser le couteau au fur et à mesure qu'il pénètre dans le bois. Le petit paysan qui se taille un fouet, apprend bien vite que c'est ainsi la meilleure façon d'arriver à ce qu'il veut faire. Mais les grandes personnes mêmes qui en font tout autant ne cherchent généralement pas à comprendre la raison de cette bizarrerie apparente.

Elle a deux motifs. Et d'abord, si bien aiguisé que soit un instrument tranchant (le couteau dans le cas qui nous occupe), il ne faut pas croire que sa lame soit ce qu'elle semble : en réalité elle ne présente point sur son coupant une ligne droite. Elle offre au contraire une série de dents : l'examen au microscope pourrait vous en convaincre, mais le raisonnement y suffirait. Les meules que l'on emploie pour aiguiser sont composées de grains de sable, très fins il est vrai, mais qui n'en sont pas moins des grains ; chacun d'eux en frottant sur le métal en enlève une partie, et y fait une échancrure, une petite dépression, une dent. Chaque dent est extrêmement minime, mais l'ensemble, c'est-à-dire la lame si effilée du couteau, n'en constitue pas moins une véritable scie Et quand vous faites glisser votre couteau en coupant, vous sciez bel et bien la branche ; et c'est pour cela que vous réussissez beaucoup mieux à la trancher que si vous prétendiez en séparer les fibres par simple pression. Notons, du reste, que la scie agira d'autant mieux qu'elle sera tirée plus vivement.

Mais il y a une autre raison pour que ce mode de procéder vous permette de triompher plus aisément de la résistance de la branche.

Quand vous coupez comme nous l'avons dit, cela revient à couper obliquement, à placer le couteau obliquement, par rapport au morceau de bois. Si vous mettiez la lame perpendiculairement à la branche, l'angle formé par l'épaisseur de cette lame serait à son maximum de grandeur, car le trajet que devrait suivre un point quelconque de la section de la branche serait perpendiculaire au tranchant du couteau. Sans faire appel aux principes de la géométrie, qui auraient pourtant une application immédiate ici, nous pourrions dire que ce point, cette particule ligneuse, si l'on veut, aurait à monter la côte tout droit devant elle, suivant une ligne A B perpendiculaire à l'axe du couteau. Or, vous savez par pratique que pour gravir une côte avec le moins de fatigue possible, il faut *louvoyer*, la monter obliquement. De même, pour que la particule ligneuse monte plus aisément sur la pente du couteau, autrement dit pour que cette pente, la lame, la soulève, l'écarte le plus facilement possible, il est nécessaire que la particule suive un tracé oblique A′ B′.

Si par la pensée on faisait en A B une section T du couteau, puis en A′ B′ une autre section *t*, on aurait deux figures bien claires, deux triangles équilatéraux absolument différents d'aspect : l'un ramassé sur lui-même, ayant l'angle du sommet relativement très ouvert, l'autre au contraire effilé, avec ce même angle très aigu. Par conséquent, quand vous vous efforcez de couper perpendiculairement, c'est un coin très épais que vous essayez de faire pénétrer dans le bois; tandis que si vous glissez obliquement, il ne s'agit plus que d'introduire un coin mince. Tout naturellement la besogne sera bien plus aisée : c'est pour cela qu'il est plus avantageux de se servir de lames minces, autant du moins qu'elles sont malgré cela assez résistantes pour supporter l'effort qu'on leur demande.

Sans doute cette particule quelconque de la section de la branche dont nous parlions tout à l'heure, et qu'il faut séparer de sa voisine, aura un chemin plus long à faire si elle suit la ligne A′ B′ que si elle suivait la direction A B, qui est ce qu'on appelle la ligne de plus grande pente en

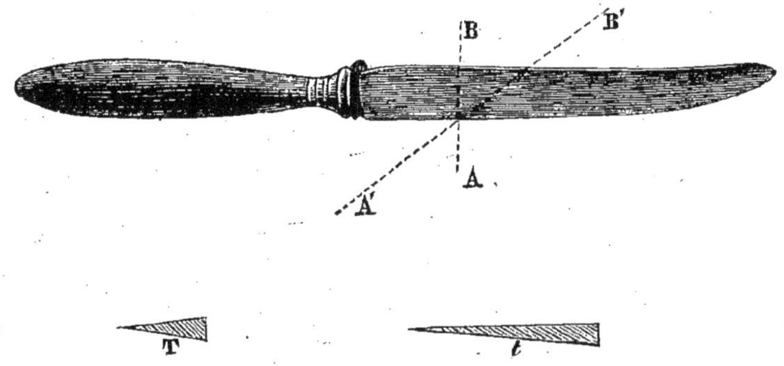

Géométrie de l'emploi de la lame de couteau.

lever de plan : les principes les plus élémentaires de géométrie rappellent que **A B**, étant perpendiculaire au bord du couteau, est plus court que **A′ B′** qui lui est oblique. Mais le premier charretier venu vous dira qu'il vaut bien mieux monter une côte longue, mais douce, qu'une autre courte et abrupte.

Je ne prétends pas, comme le titre de cet article semblerait le dire, vous avoir appris à vous servir d'un couteau; mais ce que nous avons démontré prouve que le moindre de nos actes peut donner matière à des observations curieuses, et qu'il vous est facile de vous instruire en jouant, rien qu'en cherchant la cause des phénomènes les plus simples qui vous entourent.

LES MÉFAITS DE L'INERTIE

COMME nous parcourons ensemble, quelque peu à bâtons rompus et en faisant l'école buissonnière, le vaste domaine des sciences physique, chimique et mathématique, si nous disons inertie nous n'avons pas l'intention de faire allusion à un défaut purement moral : nous prenons le mot inertie dans son sens le plus exact, tel qu'on l'entend en physique, ou plutôt nous voulons faire un peu de mécanique, mais de la mécanique aussi peu rébarbative que possible. Cette fois-ci encore, nous voudrions trouver avec vous, ami lecteur, quelques applications plus ou moins bizarres et amusantes de cette grande loi mécanique de l'inertie, qui est si abstraite dans son principe, et qui peut jouer de si mauvais tours à ceux qui ne la connaissent pas — ou qui ne songent point à se prémunir contre ses surprises.

Si vous ouvriez un traité de mécanique, vous y trouveriez formulée cette loi qu'un corps matériel ne peut modifier de lui-même ni son état de repos ni son état de mouvement. On le voit, la loi est précise, elle est même claire pour quiconque est accoutumé à ces notions arides : évidemment cela veut dire que si un corps est en repos il ne pourra pas se mettre en mouvement de lui-même, qu'il faut pour cela une influence extérieure : que si, au contraire, il est en mouvement, ce mouvement ne se modifiera que sous l'action d'un agent extérieur. Et cependant ce ne serait sans doute pas vous faire injustice que de penser qu'il vous manque, même après ces données, une compréhension complète de ce que c'est que l'inertie.

Quelques exemples variés vont vous faire saisir la chose mieux que toutes les explications doctrinales, et votre instruction scientifique aura, j'espère, fait un pas important, grâce à de petites expériences dont quelques-unes vous permettront de causer bien de l'étonnement à vos amis et connaissances.

Il faut bien dire du reste qu'il vous arrive parfois de faire des expériences de ce genre à vos dépens et d'une façon tout

imprévue. Quand vous êtes debout sur une plate-forme
d'omnibus ou de tramway et que la voiture se met brusquement en marche, vous chancelez tout à coup, et si vous n'aviez
pas une balustrade pour vous arrêter ou quelque poignée pour
vous retenir, vous tomberiez à terre.

Nous disons que vous tomberiez, mais non point que vous
seriez jetés à terre, car en réalité voici ce qui se passe : vous
demeurez sur place pendant que la voiture s'en va. Et si vous
demeurez ainsi sur place, c'est par suite de l'inertie, votre
corps considéré en dehors du jeu de vos muscles ne modifie
point son état de repos, pour employer la formule classique;
il garde passivement son immobilité. Pendant que le plancher
du véhicule se déplace, vous êtes donc exposé à rester à
l'endroit même où vous vous trouvez : et, comme il ne vous
est guère possible de demeurer en l'air, c'est pour cela que,
tandis que l'omnibus s'en va, vous tomberiez à terre, victime
inconsciente de l'inertie.

Ne vous est-il point arrivé parfois d'essayer d'attirer à vous
une feuille de papier sur laquelle est appuyé un objet que
vous voudriez avoir à votre portée : n'ayez pas un mouvement
de vivacité, car l'opération échouerait sûrement. Ce serait
une nouvelle édition, un peu modifiée, de votre mésaventure
du tramway : l'objet resterait sur place, à l'endroit même où
vous ne pouviez l'atteindre, et la feuille de papier viendrait
seule. Ne vous impatientez pas, car vous vous en repentiriez,
et vous pourriez recommencer à maintes reprises vos efforts
inutiles, l'inertie vous jouant constamment le même mauvais
tour.

Ce phénomène curieux peut être bien facilement reproduit
sous une forme amusante : il peut servir, par exemple, à des-
servir un repas d'une façon qui n'est pas ordinaire, en commençant par enlever la nappe avant que d'enlever les plats, les
assiettes et les bouteilles. Il suffit pour cela de tirer la nappe
d'un coup bien sec en la prenant par les deux coins; vous
aurez sans doute quelque insuccès dans vos premières tenta-
tives : si vous tirez trop mollement, plats et bouteilles s'entre-
choqueront, celles-ci tombant dans ceux-là, ou bien encore le

tout viendra avec la nappe et tombera à terre, au grand déplaisir du propriétaire de la vaisselle. Si le mouvement n'est pas bien net, l'on comprend que les objets ne restent pas sur place, car ils sont mis peu à peu en mouvement; et c'est pour cela que, si vous voulez pratiquer la méthode signalée à l'instant pour défaire une table servie, vous ferez bien de vous exercer avec une simple serviette et tout au plus une assiette et un verre, comme le montre une des gravures ci-jointes.

D'une façon plus simple, vous pouvez encore mettre en évidence cette curieuse loi de l'inertie. Par exemple, placez sur un tapis de table, sur une serviette, une pile de livres, bien disposés d'ailleurs en équilibre : pour sortir le tapis ou la serviette, vous n'aurez pas besoin de défaire la pile, il vous suffira de tirer d'un coup sec, les livres restant empilés et immobiles. Vous pouvez varier l'expérience avec une pile de pièces de cinq francs reposant sur une feuille de papier, et par ce moyen vous réaliserez aisément cette impossibilité apparente : enlever la feuille de papier sans toucher à la pile de pièces. L'expérience réussit très bien aussi et d'une manière plus originale encore, en mettant, comme l'indique une des gravures, une pièce de cinq francs debout sur une bande de papier qui elle-même repose sur une table; il faut que les faces de la pièce soient bien parallèles aux bords du papier, et, de plus, que la bande de papier dépasse très sensiblement le bord de la table. Il suffit ensuite de tirer brusquement pour que le papier glisse sous la pièce, qui reste en place et debout.

Les jongleurs connaissent bien, au moins par la pratique, les lois de l'inertie, et ils en tirent habilement parti. Dernièrement l'un d'eux accomplissait des exercices très remarquables avec des sabres affilés comme des lames de rasoir : il déposait un ruban à cheval sur le coupant d'un de ces sabres, il ramenait d'abord la lame en arrière, puis d'un mouvement brusque en avant, il coupait le ruban en deux morceaux. C'est que l'inertie là aussi avait joué son rôle : le ruban restant sur place tandis que le sabre s'avançait, il s'était trouvé à peu près aussi bien séparé que si un aide l'avait maintenu immobile pour en faciliter la section. Le

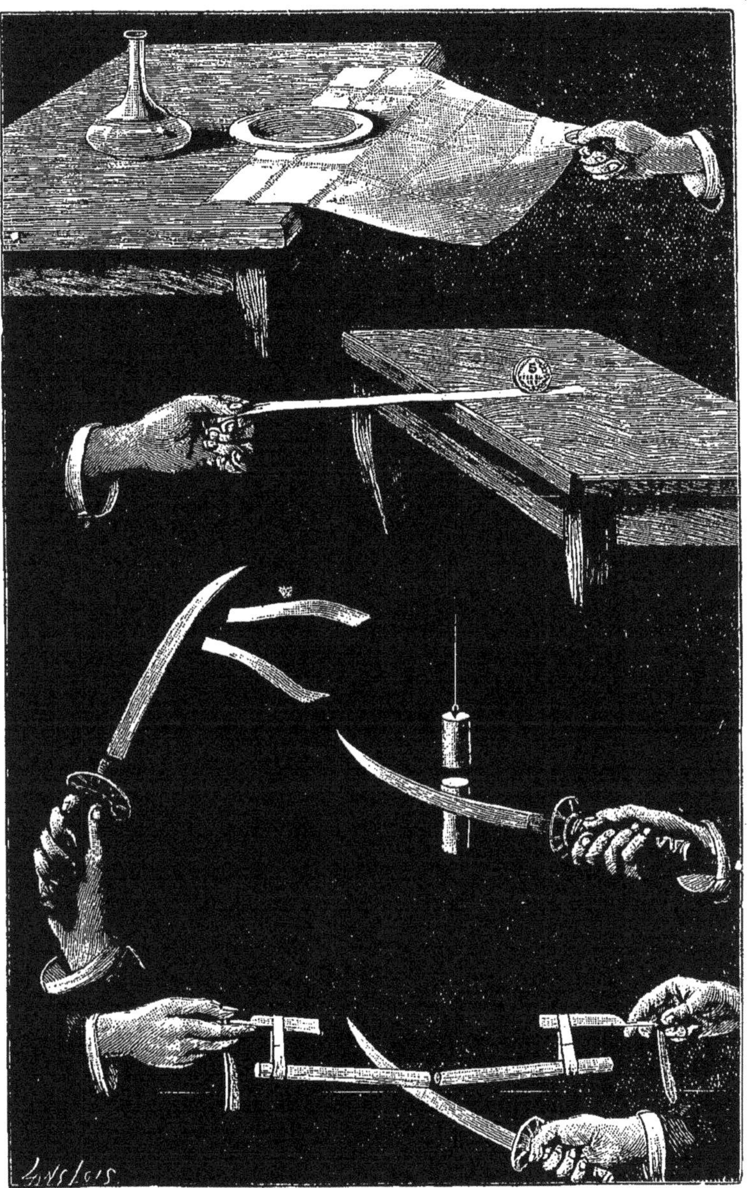

Quelques effets de l'inertie.

même jongleur se faisait donner une sorte de prisme rectangulaire évidemment fait d'un alliage d'étain, et il le suspendait à un fil; puis, d'un premier coup de sabre, il coupait le fil, et d'un second sectionnait le prisme en deux morceaux. C'était simplement affaire d'agilité que d'avoir le temps d'attraper le prisme métallique alors qu'il tombait le fil une fois coupé; mais si le jongleur pouvait le trancher ainsi, c'est que ce corps observait les lois de l'inertie dans le mouvement, il continuait sa chute, sans pouvoir modifier de lui-même son mouvement, et le sabre pouvait le couper comme s'il avait été fixé dans la position où la lame le rencontrait.

Notre homme avait également trouvé moyen de rajeunir une expérience qui n'est pas nouvelle, car on la voit indiquée dans Rabelais, qui la fait exécuter par Panurge. Ici encore il prenait une barre d'alliage d'étain, mais bien plus grande que la précédente, puis il faisait tenir par des aides deux rasoirs ouverts : sur chaque lame reposait un étrier de papier, et enfin la barre d'étain s'appuyait à chacune de ses extrémités sur un de ces étriers qui pouvaient à peine supporter son poids. Le jongleur saisissait un sabre, et, d'un coup bien appliqué, à la stupéfaction du public, il séparait en deux la barre métallique, sans que les étriers de papier vinssent ni à se briser ni à se couper sur les lames si affilées où ils étaient appuyés. Là encore on tirait habilement parti de l'inertie, le bloc métallique restant immobile sous le choc, et celui-ci ne pouvant par conséquent se transmettre aux bandes de papier. Nous avons parlé de l'expérience de Panurge : Rabelais la décrit comme réussissant parfaitement avec un manche à balai, dont on appuie les extrémités sur deux verres pleins d'eau, et qu'on peut casser d'un coup sec, sans qu'il tombe même une goutte d'eau des verres. On peut encore présenter différemment cette curieuse expérience en enfonçant une aiguille à chaque bout du manche à balai, et en faisant reposer le bâton à briser sur les verres par l'intermédiaire de ces aiguilles.

Nous pourrions multiplier les exemples des effets de l'inertie. C'est encore elle, sans que nous nous en doutions

le plus souvent qui nous permet de casser une ficelle avec les
mains d'un coup sec : nous mollissons d'abord la ficelle, puis
nous tirons brusquement, et comme l'une des extrémités de
cette ficelle a tendance à demeurer immobile, celle qui est
animée d'une grande vitesse s'en sépare facilement.

Si d'ailleurs vous avez encore des doutes sur ce que c'est
que l'inertie, je vous conseille, au temps des bains froids, de
vous livrer à une petite expérience sur vous-même. Montez
debout à l'avant d'un bateau, qu'on met en marche à une
bonne allure ; si, pour une raison ou pour une autre, il vient
à s'arrêter brusquement, par suite d'un choc contre la rive
par exemple, vous profiterez des lois implacables de la mécanique : vous êtes animé d'un mouvement que vous ne pouvez modifier vous-même, et vous le continuerez en passant
par-dessus le bord de l'embarcation.

LES PETITES MERVEILLES
DE LA CAPILLARITÉ

QUAND nous disons petites merveilles, ce n'est pas que, en
réalité, elles aient moins d'envergure que les autres merveilles que nous offre l'admirable nature dans tout ce qui
nous environne : elles sont gouvernées elles aussi par des
lois universelles qui s'appliquent à notre monde tout entier.
Mais elles ne se montrent guère qu'à ceux qui regardent les
choses de près ; les phénomènes qui les constituent ne se
manifestent que sous des proportions toutes réduites, et c'est
pour cela qu'elles échappent le plus souvent aux yeux.

La capillarité n'est connue que bien imparfaitement et bien
superficiellement, même par ceux qui ont suivi des leçons de
physique, parce que les notions qu'on en donne sont forcément succinctes, quoique cependant les manifestations en
soient innombrables et infiniment variées. Bien plus, elles

semblent souvent contradictoires, inexplicables, et il faut avouer que, fréquemment, on les constate plutôt qu'on ne les explique.

Au reste, tous ces phénomènes paraissent absolument en contradiction avec les lois beaucoup plus générales de l'hydrostatique, lois qui gouvernent, du moins d'une façon normale, l'équilibre des liquides.

Ce qu'on connaît surtout de la capillarité, ce sont les deux expériences classiques, dont l'une a précisément donné lieu à la création du mot *capillarité*. Plongez verticalement dans l'eau une baguette de verre bien propre, sur laquelle vous aurez évitez soigneusement de passer les doigts (nous verrons tout à l'heure pourquoi), et l'eau se soulèvera autour de la tige, dans un petit rayon s'entend, comme si elle voulait en faire l'assaut. Plongez de même un tube *capillaire*, dont le creux intérieur soit fin comme un cheveu, et cette ascension se reproduit à l'intérieur comme à l'extérieur du tube, si bien que l'eau monte dans le tube à un niveau supérieur à celui qu'elle occupe dans le vase qui la contient.

Mais ce sont là des expériences de cours, et il ne faut pas croire que la baguette de verre ou le tube soient absolument nécessaires pour constater les phénomènes de la capillarité; vous en avez chaque jour devant vous des manifestations absolument remarquables, en dépit des conditions fort ordinaires où elles se produisent, et si elles sont passées jusqu'alors inaperçues, c'est que votre attention n'était pas en éveil. Quand vous avez fini de manger votre soupe et qu'il ne reste plus au fond de l'assiette qu'une mince couche liquide, appuyez-y votre cuiller par sa partie convexe, et vous pourrez voir le liquide grimper au métal comme l'indique une des figures que vous trouvez au commencement de ce volume. Si vous avez mangé de la soupe au riz ou au vermicelle, et qu'il soit demeuré dans le fond de l'assiette un brin de celui-ci ou un grain de celui-là, le bouillon restant montera de même autour du vermicelle ou du riz. Soulevez le grain de riz ou la cuiller, et vous vous apercevrez que l'eau s'élève en dessous comme si elle avait regret de quitter le fond de la cuiller, et elle ne l'abandonne qu'après avoir formé par-dessous une sorte de petit monticule liquide.

A la vérité, les choses se passeraient tout autrement si l'on appuyait une cuiller en bois sur une couche de mercure : le mercure ne mouillerait pas le bois et ne grimperait pas, tout au contraire il se déprimerait en fuyant sous la pression.

La chose est bizarre, mais elle l'est bien davantage encore quand on y réfléchit. A ne considérer qu'un liquide qui mouille le corps, l'objet avec lequel il vient en contact, on peut dire qu'il est comme attiré par ce corps : il semble qu'une force s'exerce sur ce liquide qui le pousse à monter à l'assaut de ce qu'il rencontre. Vous en aurez une preuve bien curieuse si vous mettez un morceau de mie de pain au milieu d'une assiette contenant du vinaigre et de l'huile : les filets de vinaigre accourront de tous côtés sur le pain. Il y a toujours un désir d'union entre les liquides et les corps qu'ils mouillent : l'eau monte le long des parois de la cuvette, le pétrole de la lampe s'empresse de suivre la mèche jusqu'au bec, et c'est ce qui permet ce sytème d'éclairage si simple. Ce désir de réunion qui semble donner comme une pensée véritable aux molécules d'eau, se manifeste tout aussi bien entre deux corps mouillés et flottants, bulles d'air à la surface d'un bassin, bouchons mis dans une cuvette, qui tendront toujours à se réunir, puis fuiront curieusement, et avec un entêtement que l'on croirait volontaire, vers les bords de la cuvette. Au reste, ce qui paraît causer cette attraction, aussi nette que celle d'un aimant sur le fer, c'est cette sorte de petit talus d'eau qui s'est formé autour des bouchons et au pourtour de la nappe d'eau qui emplit la cuvette.

Or, cherchons ce qui se passerait, par une expérience bien simple, pour des corps que l'eau ne mouillerait pas : nous n'avons qu'à prendre deux aiguilles, même assez grosses, et que nous enduirons d'un peu d'huile ou de vaseline; il pourrait même suffire de les passer à plusieurs reprises entre les doigts, ce qui les couvre d'une substance graisseuse. Si, en les prenant par leurs deux extrémités, entre le pouce et l'index, nous les posons doucement à la surface de l'eau, elles flotteront bel et bien, et cela grâce à la capillarité. Examinez obliquement la surface liquide à l'endroit où reposent les aiguilles, et vous apercevrez très nettement la dépression qui se produit en ce point : cette dépression, c'est ce que, en langage scientifique, on appelle du nom de ménisque concave. Mais il n'est pas besoin de recourir à cette terminologie pour étudier ces merveilleux phénomènes. En réalité l'eau fuit sous les aiguilles enduites de vaseline, parce qu'elle ne peut pas les mouiller; et, de plus, les aiguilles auront bien une tendance à se rapprocher l'une de l'autre, mais nullement à aller se coller, comme les bouchons, au bord de la cuvette, toujours parce qu'elles ne sont pas mouillées par l'eau.

Avec ces modestes instruments, nous pouvons continuer nos expériences de physique. Posons le bout de notre doigt à la surface de l'eau, de façon à ce qu'il y affleure seulement. Si maintenant nous l'approchons d'une des aiguilles, même tout doucement, la voilà qui va fuir notre contact, se tenant constamment à distance respectueuse de notre doigt; tant et si bien que, si nous essayons de saisir un des bouts de l'aiguille en rapprochant l'index et le pouce, dont les extrémités effleurent seulement la surface de l'eau, l'aiguille nous échappe, comme le ferait un être doué de vie, ou comme si nous avions pressé *directement* entre nos doigts un objet glissant.

En vérité on croirait que la surface de l'eau forme comme une plaque rigide qui transmettrait le mouvement de nos doigts à l'aiguille. Et c'est bien la conclusion à laquelle sont arrivés les savants, en appelant *tension superficielle* cette particularité d'une surface liquide dont les diverses molécules ont une tendance à se réunir constamment, de manière à constituer une sorte de membrane, assez rigide. En chaque point de cette membrane, il se fait sentir des efforts qui repousseront les corps que le liquide ne mouillera point et qui, de plus, auront pour résultat d'étendre autant que possible la membrane, en la faisant monter par exemple sur les bords de la cuvette. Essentiellement, capillarité et tension superficielle paraissent deux phénomènes des plus voisins qui s'expliquent de façon analogue.

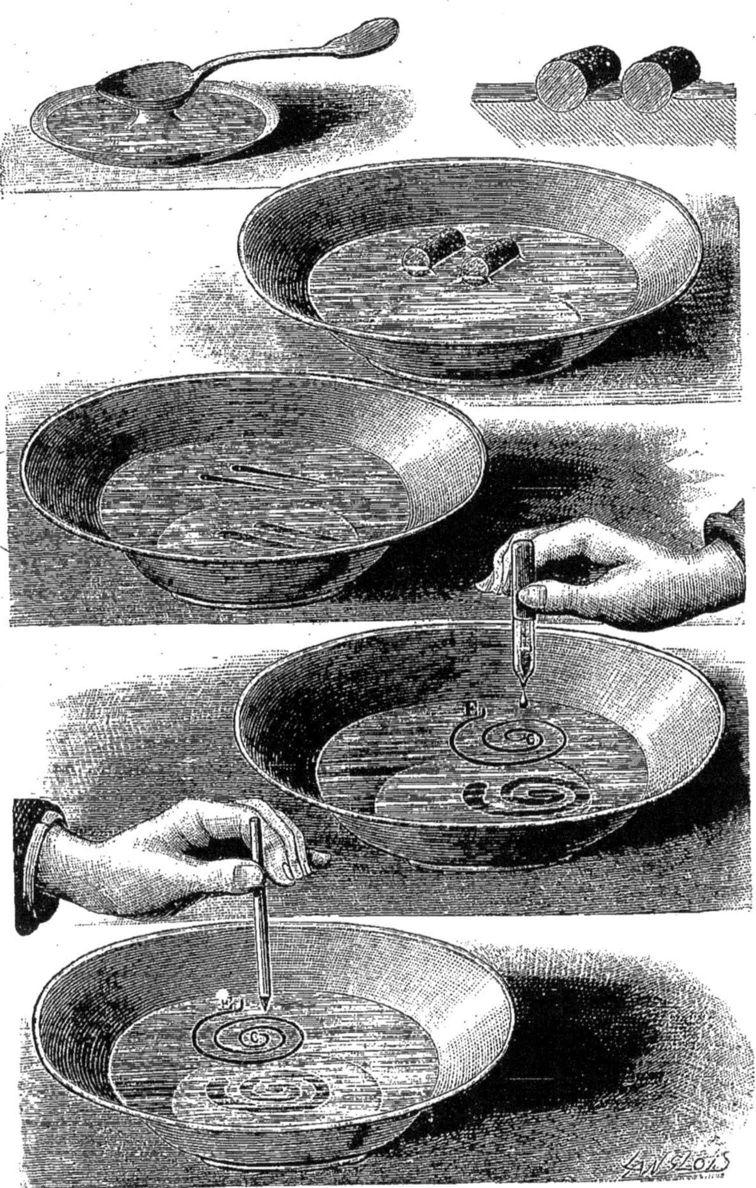

Expériences sur la capillarité.

Cette explication est peut-être un peu compliquée, mais nous allons saisir la tension superficielle sur le fait dans une petite expérience des plus simples et véritablement surprenante.

Avec un peu de fil d'archal, nous préparons une spirale d'un certain nombre de volutes : nous en relevons perpendiculairement l'extrémité E, pour que nous puissions par là saisir le petit appareil et le poser doucement à la surface de l'eau que contient un récipient quelconque. Le point important est que la spirale soit plane, ce qu'on obtient assez aisément, surtout avec un fil métallique malléable, par compression entre une table et un livre, par exemple ; il ne faut pas oublier non plus de l'enduire d'un peu de vaseline. Le même phénomène qu'avec les aiguilles va se produire ; la spirale flottera et, en regardant obliquement à la lampe, nous verrons les dépressions de l'eau sous les diverses volutes, et même l'ombre de ces dépressions.

Enfoncez superficiellement dans l'eau le petit bout d'un crayon, près de la spirale, et vous la verrez fuir, vous la pourrez repousser sans la toucher, uniquement par suite de la tension superficielle, de la rigidité de la *croûte* d'eau. Bien plus, et toujours pour la même raison, si vous placez votre pointe de crayon vis-à-vis du fil relevé perpendiculairement E, puis que vous suiviez l'intérieur de la spirale sans en toucher les fils, vous pourrez faire tourner cette spirale sur elle-même, tout comme si vous poussiez le bout du fil avec le doigt. Le mouvement se fera en sens inverse de celui des aiguilles d'une montre, comme l'indique la flèche. Vous obtiendrez un résultat contraire en partant du centre C.

Nous allons maintenant donner le mouvement à la spirale en opposant une autre tension superficielle à celle de l'eau. Nous nous procurons simplement un compte-gouttes, et nous prenons dans son tube un peu d'alcool, d'eau de Cologne, par exemple. Nous plaçons le compte-gouttes comme l'a montré le dessinateur, juste au-dessus de l'extrémité C de la spirale, au commencement de cette espèce d'escargot, et nous faisons tomber une goutte, et une seule, d'alcool. L'effet est immédiat : la spirale se met à tourner dans le même sens que les aiguilles d'une montre. Elle s'arrête bientôt, mais recommencera le même mouvement chaque fois que vous ferez tomber une nouvelle goutte d'alcool.

Vous serez stupéfait, même maintenant que je vous ai prévenu ; mais j'espère que vous comprendrez que c'est là un phénomène de tension superficielle. La tension de l'alcool, cette force d'expansion dont nous parlions tout à l'heure, vient se heurter à l'espèce de muraille minuscule que forme le fil flottant sur l'eau, elle repousse le fil et il en résulte un mouvement de rotation de la spirale.

Vous voyez donc qu'elle n'est pas négligeable, cette force de tension superficielle, puisqu'elle peut produire un mouvement visible à l'œil. Vous auriez du reste bien d'autres occasions de constater ces merveilles.

LE SPECTRE ET LA TOUPIE

N'ALLEZ point vous effrayer du côté mystérieux de ce titre, et n'allez pas davantage rire de cette alliance bizarre de mots. Il s'agit tout simplement du spectre solaire, et si la toupie a quelque chose à faire ici, c'est qu'il est question d'une toupie d'un genre tout particulier, comme on en peut juger au premier coup d'œil jeté sur la gravure qui représente ce jouet.

Le mot « jouet » est presque une profanation : il est bien vrai que le toton chromogène, pour employer le nom qu'on lui donne volontiers dans le monde savant, est vendu couramment dans les rues de Londres pour la modeste somme de quelques pence, sous le couvert d'une maison bien connue pour ses savons et surtout pour les réclames plus ou moins bizarres qu'elle sait trouver auxdits savons. Mais c'est là une

manière de faire très pratiquée par les industriels anglais, qui
s'en trouvent du reste assez bien. En réalité cette toupie est
bel et bien un instrument d'optique, qui est certainement fort
simple, mais qui a été imaginé par un physicien distingué,
M. Charles E. Benham, de Colchester; elle a même le mérite
de jeter le monde savant dans une assez grande perplexité
quant à l'explication satisfaisante du phénomène si étrange
qu'elle a permis de constater.

Et tout d'abord présentons la toupie dans les formes, et
indiquons le moyen de la construire, car c'est ce qui intéres-
sera tous nos lecteurs assurément, quel que soit leur peu de
curiosité scientifique : ils pourront au moins renouveler les
expériences que nous décrirons, s'ils n'ont pas le courage de
suivre les explications que nous essayerons d'en donner.

Prenez une feuille de carton, mais de carton ferme, épais
d'au moins deux à trois millimètres, puis tracez-y et décou-
pez-y un cercle de onze centimètres de diamètre environ : nous
ne sommes point à quelques millimètres près. Tirez à l'encre
de Chine un diamètre de ce cercle et, au moyen d'un pinceau,
vous passez plusieurs couches de cette même encre sur un des
demi-cercles, comme l'indique la figure, et de manière à obtenir
un noir aussi absolu que possible. Maintenant, armé d'un
compas, vous décrivez sur la moitié demeurée blanche quatre
séries d'arcs concentriques, tels qu'on les voit également sur
la figure : il faut que chaque série embrasse seulement
45 degrés, de façon qu'elles se partagent la demi-circonfé-
rence. Le premier arc de la série, que nous appellerons A, est
tracé avec un rayon de dix-huit millimètres environ; il faut
ensuite que les arcs successifs soient à une distance de trois
millimètres à peu près, de même que l'arc le plus extérieur
de la première série et l'arc interne de la deuxième. Nous
n'insistons pas sur cette fabrication, qui se comprend à l'ins-
pection de la figure : ce qu'il importe c'est que l'encre employée
soit absolument noire, car le résultat n'en sera que plus sûr
et en même temps que plus étrange, puisqu'il s'agit de faire
sortir les couleurs du spectre, du bleu, du rouge, du vert, etc.,
de ce noir qui est l'absence même de couleur.

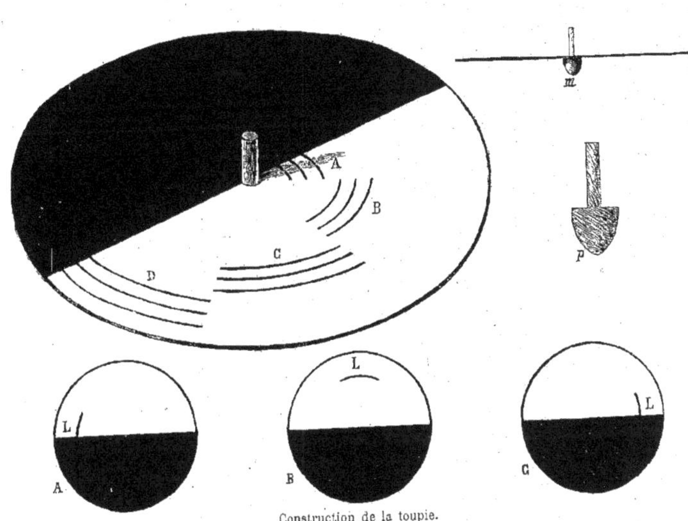

Construction de la toupie.

Bien entendu, il faut auparavant monter la toupie : pour cela rien de plus simple que de tailler un pivot tel qu'il est figuré en p, dont la pointe mousse ne peut s'user par le frottement. On le place comme il est indiqué en m, en perçant un trou au centre même du cercle de carton, et en l'y fixant avec un peu de cire à cacheter, ou mieux de colle forte.

Vous pouvez maintenant lancer la toupie en prenant la partie supérieure du pivot entre les doigts et en la faisant tourner de gauche à droite, autrement dit dans le sens des aiguilles d'une montre. Il importe que vous placiez le toton en un endroit où il soit bien éclairé et que vous teniez la tête au-dessus de lui, ou plutôt du pivot, à une distance assez faible, de manière cependant à bien voir. Naturellement, au début, vous lancez vite l'instrument, comme on le fait toujours pour une toupie. Le phénomène à observer n'est pas encore dans ses vraies conditions, mais vous pouvez immédiatement constater un fait des plus bizarres : le disque, dans son ensemble, perd complètement toute couleur noire, bien qu'une de ses moitiés soit du noir le plus intense. Le fond est à peine teinté de gris. En même temps, à votre grande stupéfaction, les arcs de cercle absolument noirs eux-mêmes, deviennent des circonférences[1] d'un gris étrange où l'on sent du vert, du rose. Puis peu à peu, au fur et à mesure que la vitesse de rotation du disque diminue, les séries d'arcs de cercle ou plutôt de circonférences (puisque tel en est l'aspect) prennent des tons variés : les trois lignes courbes du centre sont bleues, les trois suivantes gris mauve, les trois autres roses ou même rouge bien franc, et enfin les trois extérieures vert assez foncé. Remarquons immédiatement que tous les yeux ne voient pas exactement de même, les teintes semblent plus ou moins riches aux différentes personnes soumises à l'expérience ; d'autre part, la nature et l'intensité de la lumière qui éclaire la toupie peuvent varier les teintes dans d'assez larges

---

1. On sait que l'arc devient circonférence par suite de la persistance des impressions lumineuses.

limites. Mais en somme ce que nous avons dit est ce qui se
passe pour presque tout le monde.

Chose bien plus étrange peut-être, si vous lancez la toupie
dans le sens inverse à celui des aiguilles d'une montre, les
colorations sont interverties dans les séries successives : on
trouve, en partant de la circonférence, le bleu, puis le gris
mauve, puis le rouge, et enfin un vert magnifique au centre,
à condition toujours que la rotation soit assez lente. L'observation du phénomène est absolument stupéfiante, même pour
des gens prévenus, d'autant qu'on peut modifier l'expérience
en changeant les conditions de vitesse, d'éclairage, et en
réalité la toupie ne ment point à notre titre : on y voit passer
toutes les couleurs du spectre.

Oserai-je tenter de vous donner les causes plus ou moins
probables de cette étrange aberration de nos yeux, qui nous
font voir trente-six couleurs là où il n'y a que du noir? Je
vous avouerai d'abord que les physiciens sont loin de
s'entendre sur cette explication; mais je tâcherai de vous faire
saisir quelques-unes des opinions émises, en m'excusant de
vous entraîner sur un terrain un peu scientifique.

Il faut d'abord savoir, ou ne point oublier, que notre
système visuel n'est pas absolument un, mais que les couleurs
fondamentales sont appréciées respectivement par des portions distinctes et spécialisées de notre rétine. Nous voyons
du blanc quand les vibrations lumineuses sont telles qu'elles
excitent simultanément les organes de perception qui, chacun
pour leur part, donneraient les sensations de violet, de vert
et de rouge, s'ils étaient excités séparément. La sensation
colorée commence quand un ou deux seulement des centres
de sensation sont frappés.

Supposons maintenant trois disques en carton de même
forme que notre toupie, mais portant seulement un arc de
cercle sur la moitié blanche; cet arc est différemment tracé
sur chacun des disques, ainsi que l'indique notre gravure
dans sa partie inférieure. Dans le disque A, mis en rotation
en sens inverse des aiguilles d'une montre, la ligne L laisse
dans l'œil une impression lumineuse dont le nombre des

vibrations est inférieur à celui du disque blanc : autrement dit, sous l'action du blanc, les nerfs de la rétine tendent à prendre un certain nombre de vibrations par seconde; mais en même temps agit la ligne noire qui empêche les nerfs de se mettre à vibrer aussi rapidement. Et, comme résultat, la rétine vibre exactement comme si des rayons rouges venaient à la frapper. Supposons que nous expérimentions sur le disque B : la ligne noire agira encore, mais quand les nerfs de la rétine ont déjà eu le temps de se mettre à vibrer d'accord avec l'impression blanche, et l'action retardatrice de L sera moins forte : l'œil percevra donc le nombre de vibrations correspondant au vert. Finalement, avec la ligne tracée comme sur le disque C, le nombre des vibrations se trouve encore moins diminué, mais il l'est assez cependant pour que la perception se fasse en bleu.

Telle est l'explication très sommaire du phénomène, au moins d'après certains physiciens. Le savant M. Charles Henry en donne une quelque peu différente, mais que nous ne reproduirons point. D'autre part, M. Gray estime que ces apparences colorées s'expliquent par ce qu'on appelle l'accommodation de l'œil. Pour voir les différentes couleurs et précisément pour les faire se projeter sur la partie de la rétine qui leur est consacrée, l'œil est obligé de modifier la courbure de cette lentille qu'on nomme le cristallin. Or, dans ces courts instants où, pendant la rotation de la toupie, il doit s'accommoder du noir au blanc, il va si vite que, dans son empressement, il dépasse le but. Il veut accommoder pour le blanc l'organe qui s'était disposé pour le noir, et voilà qu'il agit si précipitamment sur le cristallin, qu'il l'accommode pour le bleu violacé. Il veut réparer son erreur, et il en commet une nouvelle en sens inverse et fait percevoir du gris rosé là où il n'y a que du noir. Cela se passe de même pour les deux autres couleurs, jusqu'au moment où enfin le demi-disque noir se présente et réclame un nouvel effort de l'organe visuel.

Ces explications ne sembleront peut-être pas satisfaisantes à ceux qui ont eu la patience de nous suivre jusqu'ici. En tout cas, la constatation du phénomène est assez curieuse par elle-même pour qu'ils aient au moins la tentation de le reproduire en construisant la toupie spectrale, et en en variant même au besoin les dispositions. Et cette petite expérience vient montrer encore avec quelle facilité on peut pénétrer dans le domaine de la science.

FIN

TABLE DES MATIÈRES

1456-12. — Coulommiers. Imp. Paul BRODARD. — 1-13. (E. et F. 3e s. B).

St-Germain-les-Corbeil. — Imp. F. Leroy